時尚業生存戰

從AI、智慧購物、二手市場，
打造線上線下銷售快狠準的獲利模式

Apparel Survival

アパレル・サバイバル

SAITO
TAKAHIRO

齊藤孝浩

郭子菱——譯

PROLOGUE

靠「典範轉移」掌握機會

在我已經身處三十年以上的時尚流通業界，大約每十年就會出現一次典範轉移（亦即「時代的大轉換期」）。

二十年前，也就是一九九八年開始的優衣庫（UNIQLO）Fleece刷毛外套熱潮，使商業模式轉換成SPA（服飾製造零售業）型，藉由零售業自行開發商品，提升低價衣物的品質，也就是讓消費者獲得更好的性價比。

十年前的二〇〇八年，從H&M於日本拓點以來，所謂的快時尚風潮就藉由全球化且高速運轉的流通革新，促使過去難以企及的潮流時尚走向低價格化，許多消費者得以用低廉價格享受流行的時尚。

我所提倡的「時尚流通革新十年周期說」，也是在與海外案例相互對照後，發現由於受到歐美先進國家——尤其是美國——所引發的流通革新刺激，日本的企業家們一面向其學習，一面配合日本的市場重現革新，才會在晚於歐美約十年的情況下追隨至此。

從二〇〇八年開始的快時尚風潮已經過了十年的現在，各位是否早已注意到下一波的流通革新正要展開呢？這回的流通革新與過往的可以說是完全不同。

進入二十一世紀，因為科技進步以及網路高速化而得以實踐流通革新的，是像訊銷公司（FASTRETAILING，日本的零售控股公司）這等SPA企業以及快時尚連鎖企業。另一方面，拜智慧型手機與4G時代的高速通信基礎設施所賜，往後引發革新的主體將會變成消費者。

比起企業，消費者本身更加享受科技進步帶來的利益，因此將來的變化速度會加快，也不可能走回頭路。於是企業被迫需要一面預測未來的動向，並改變應有的狀態。

過去是由企業掌握商品、消費相關情報並提供給消費者的時代，或許光是澈底以整個業界與企業的步調來發佈資訊、提供商品就足夠了。然而，在日後消費者將成為流通革新主體的時代，品牌企業與商業設施只靠販售商品是無法維持的。

從顧客在決定購買之前的資訊整理到毫無壓力地找到想要的商品入手——企業除了必須協助顧客「聰明購物」之外，也會被要求一同面對顧客購買後的煩惱。

這幾年來，二手市場App的使用之所以急遽增加，不持有物品的共享服務也大量出現，絕對不是因為景氣不好，導致消費者不買衣服。倒不如說，多虧了過去的流通革新，使得選擇增加，其程度豐富到消費者能夠依情況分別使用，因此除了「購買」的行為以外，消費者也開始針對購買後的時尚生活風格與衣櫥的內容物摸索全新選項。

在時尚流通業界，我是以庫存最佳化為切入點，協助新興專賣店成長與改善供應鏈等培育、支援人才為生的專家。經常為了理解隨著時代改變的消費者購買行動與升級支援業務，進行國內外的先進時尚專賣店定點觀測與研究，也包括海外調查。近年來，我感受到一波巨大的改變浪潮已經來臨。

為了思考不斷革新的時尚流通市場與往後的購物環境，首先，本書會從專家的立場回顧過去到現在的時尚消費與商業結構、課題，用有系統的方式整理好讓讀者容易理解。再者，我們也會考察未來的時尚消費。另一方面，考量到未來預測的變化速度，我們不會只從過去思考未來，而是一面預測理想未來，一面從此反推。

透過本書，我希望能讓各位讀者感受到消費者所面對的未來時尚生活風格將會變得更加豐富，也能更加聰明地購物。此外，如果本書能夠讓業界相關人士確信「典範轉移」既是危機也是機會，為了消費者的未來努力革新並得到靈感或是提示，那就再榮幸不過了。

那麼，首先，我們就從十年後可能會實現的，某位女性的想像時尚生活開始吧。

※除了部分照片外，本書的照片皆是作者拍攝。

Her Story

十年後的
時尚消費

A P P A R E L

她的手機裡，下載了管理衣櫥的App。App裡除了當季想穿的外套、夾克、針織衫、罩衫等上衣，裙子與短褲等下裝及洋裝以外，甚至還有鞋子、包包與首飾，登錄了用各個角度拍攝、超過三十種以上的圖像。

App運用了AI，會為用戶提供一整個禮拜的服裝搭配，平日就穿適合上班的漂亮服飾，假日則穿休閒服。如果要和客戶會面，App還會提供針織羊毛上衣與夾克的穿搭選項；若晚上有餐會，則提出適合搭配服裝色系的首飾。

當然，如果不喜歡主要提案，還有第二候補與第三候補可供參考。藉由App，她得以從過往早晨上班前的慌張感之中解放，甚至也能開心地在前一天睡前想像該配合隔天的行程穿什麼衣服。

圖片部分可以自己上傳，不過大部分都是在網路上預約送洗或更換衣物時，利用臨時物品存放櫃服務，請他人協助拍攝。這些全部都會被整合在線上衣櫥管理App上，得以集中管理。

她並非搭配衣服的專家，不過在每一季開始之前，她會瀏覽App上的用戶投稿型數位時尚雜誌。這個數位媒體極為方便，能夠藉由標籤來回溯、檢索過去投稿過的資訊。

在新一季開始之前，受委託提供資訊的大型網路時尚商城、中意的精品店及連鎖店會配合用戶事先勾選「想要在該季穿著」並登錄於 App 上的時尚單品，寄送適合搭配的當季新品提案。

在購買提案的商品之前，用戶也能在 App 上與自己衣櫥中的商品相互配合，藉以模擬穿搭。搭配時的背景也可以自由變更，如辦公室、派對、遊樂園、外出旅遊、是白天還是夜晚等。

在觀看各公司提案的過程中，因用戶喜好改變導致搭配方案不符合需求的店家，以及明明等很久，店員卻依然優先處理其他插隊客人的店家就會被排除。

星期三是不加班日。在前往提供良好建議的店家之前，她先利用前一晚與午休時間檢查一下附近店舖的庫存。透過 App 的模擬穿搭功能，她將 App 推薦的「有庫存商品」與手中的服裝進行搭配，從中選擇了六樣喜歡的商品預約試穿。

出了辦公室，她來到店裡略略逛了一圈，接著開啟 App 連接店家的 Wifi，登入後，App 畫面跳出訊息——「現在要試穿預約的商品嗎？」按了「是」之後，等了五分鐘，手機震動起來，畫面上顯現已經準備好衣物的試衣間號碼。

「讓您久等了，如果有什麼問題還請您告知。」

店員的接待就從這裡開始。她得以在比過去更加寬闊舒適的試衣間裡悠閒試穿。衣架上掛了六件商品，旁邊還寫了訊息：「除此之外，還有其他很適合您的推薦商品。如果有時間閱覽，請務必告訴店員。」

試穿完之後，她選定了兩件商品，但又很在意剛才的訊息，於是詢問店員。原來是ＡＩ先以她預約試穿的商品為參考，推薦了其他店內的庫存品項，而店員再從其中篩選出適合的商品：分別是以前就很想挑戰的毛衣色系，以及自己平常應該不會選擇的首飾。只要用 App 掃描價格的 QR-code，就可以看到商品資訊與購買評價。她對著鏡子試穿後，發現意外適合，於是就額外買了首飾。

她把不買的商品勾選刪除，再將想要買的兩件商品和決定追加的首飾標註起來，用之前就登錄好的信用卡線上付款。

接著，畫面出現了「要親自帶回家嗎？」與「是否希望宅配？」的選項，她心想這也是在她回家路上，就選擇了「親自帶走」。在隔壁咖啡廳稍做休息，收到店家傳來「已經包裝完畢」的訊息，才去店裡把衣飾帶回家。

回程的電車上，她看了一下 App，發現今天買的商品已經登錄在衣櫥中，更驚訝於 App 迅速添加了適合星期五約會，以及周末與朋友出門參加活動的服裝搭配提案。她已經很久沒有這麼興奮了。

在 App 之中，除了已經登錄好這季很百搭的服飾以外，還有搭配頻率很少以及她自己輸入為「不喜歡」的衣服。在她觀看依照最後穿著日期間隔長短所排列的「最近沒有穿著之服裝清單」後，發現這些衣服應該再也不會穿了。

她可以點擊數個預設模組，直接將商品上架至大型拍賣網站和二手拍賣 App。此外，用戶也能前往服飾二手利用網站審查。

她先將幾項定價還不錯的衣服回賣給該品牌的二手衣網站，正好同間公司的新品網站又發來感覺還不錯的提案，她就直接使用了「換物優惠」。另外一部分，她則是在先找到買家的二手拍賣 App 進行販售。賣不掉的衣服只要帶去店裡回收，即可得到點數或是優惠券。她利用周末進行分類，並收到袋子裡，打算下次去店裡時帶去。

在她忙這忙那的過程中，很快又到了要換季的時期。她用手機預約了洗衣收貨服務，大衣與夾克等就寄放在可線上預約的臨時存放櫃（還提供洗衣服務）。至於沒有穿的衣服，她也可以運用 App 內的圖像與模組，透過二手利用網站、拍賣會或跳蚤市場來脫手。

由於這個 App 讓她的衣櫥可視化，每天挑選要穿的衣服都變得很快樂，也很少會買到類似的服飾，或是錯買了不適合的衣服。此外，她不用浪費時間去搜尋某件衣服是在哪裡買的，得以冷靜且有自信地出門。

她每天能夠由衷地微笑，也因對方回應的笑容而充滿勇氣，過去曾覺得有些痛苦的購物亦變得能比以前更加享受。

好，下禮拜就在下班路程中，去看看提供新推薦的店家吧！

她衣櫥中的服裝資訊是最高等級的個人情報，也是最高等級的隱私。客人只會選擇信任的時尚店鋪和時尚網站來共享這些重要資訊的時代即將來臨。到頭來，我們能夠建立起得以共享這些重要資訊的信賴關係嗎？這就是未來時尚流通企業生存的關鍵，也是本書的書名——「時尚業生存戰」的解答。

目錄

CHAPTER——2 歐美現今正發生什麼事？ 031

CHAPTER——3

思考下個流通革新

CHAPTER—4
網路所改變的購物常識與殘留課題 117

CHAPTER—5
誰會享受科技進步? 165

CHAPTER 1

時尚流通革新
以十年為一周期

時代的關鍵字走向「永續發展」

日本的時尚流通革新變遷

圖表1－1整理了過去為止日本時尚流通市場之流通革新大約每十年為一周期所發生的事。回溯半個世紀前的一九六〇年代，當百貨公司在各地的火車站前這等集客力好的地點實踐了「高品質且豐富的商品品項」後，緊接而來是一九七〇年代與一九八〇年代，綜合超市與人稱「各領域品類殺手」（category killer）的專門量販店等大量出現，藉由多量採購與低成本營運，實踐了「低價化與大眾化」。

從一九九〇年代後半開始，在一九九八年的優衣庫 Fleece 熱潮之後，即是服飾製造零售業（SPA）藉由開發自家公司商品，進而提升低價格基礎衣料品質的時代。多虧了優衣庫等企業的努力，在那之後，基礎衣料即使便宜，品質也相當優秀，換言之，即是進入「若性價比不佳，當然就不會被消費者接受」的時代。

1960年代	百貨店實踐「高品質且豐富的商品品項」
▼	
1970年代	綜合量販店引發「低價化」改革
▼	
1980年代後半～	走向品類殺手引發的「價格破壞」
▼	
1990年代後半	SPA服飾製造零售業提升低價品的品質
▼	
2000年代後半	H&M等快時尚引發「品牌服飾的低價化」
▼	
2018年代	H&M銀座店結束營業，快時尚風潮的末期

圖表 1-1　日本的時尚流通革新十年周期說

晚於歐美十年才開始的「革新」

無論是百貨店或量販店、SPA，歐美地區皆存在著先驅模範企業。主要以美國為視察對象的日本企業家們，看到當地連鎖店利用豐富品項與低廉價格服務消費者，大感震驚之餘，便一面學習一面在日本重現，於大約十年後發起能夠讓大眾接受的革新。

接續SPA的時代，二〇〇〇年代後半以H&M拓展至日本為契機，快時尚風潮拉開序幕。快時尚連鎖店的特徵為在全世界以適地、適品的低成本方式生產過去相當高價的品牌服飾，並在世界各國以低價販售。

事實上，在一九九八年、二〇〇〇年隨著H&M打入市場，先在法國巴黎和美國紐

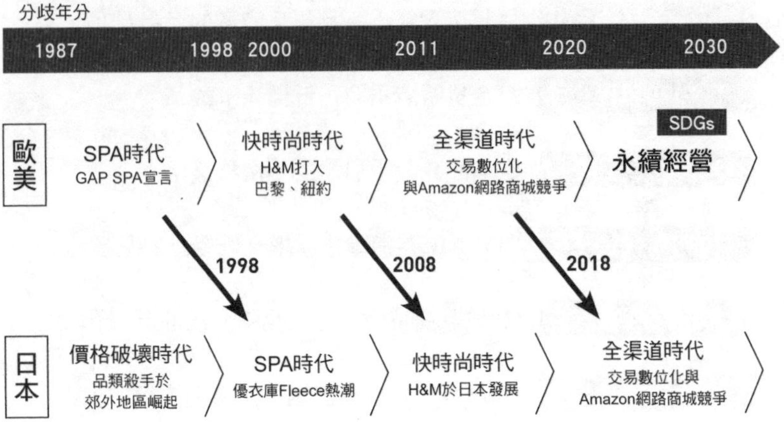

圖表1-2　日本的時尚流通革新以晚於歐美十年的形式緊追在後

約展開風潮，過了大約十年後，也就是二〇〇八年H&M拓展至日本，引發了日本的快時尚潮流。從此之後，日本的時尚市場終於也進入受全球市場左右的轉折點。就像這樣，圖表1－2就是呈現出日本的時尚流通革新，大約都晚於歐美地區十年後才終於發起的情形。

努力開發自有品牌的ZOZOTOWN

若依照階段來整理流通革新的關鍵字，就會像這樣：

- 階段一　一九六〇年代　高品質且豐富的商品品項
- 階段二　一九七〇年代　低價化、大眾化

● 階段三　一九八〇年代後半　鑽研專門領域的品項，達成進一步的低價化
● 階段四　一九九〇年代後半　因開發自家公司商品，提高低價商品的品質
● 階段五　二〇〇〇年代後半　時尚設計的低價化

這個流通革新的順序絕非時尚業獨有，而是許多業界與通路進化的共通進程。

例如，在家具業世界知名的 IKEA、日本的宜得利家具，以及在眼鏡業界的 Zoff、JINS 等企業都因應各自業界內的流通革新，自行開發商品以提升低價商品的品質後，接著又努力達成時尚設計商品的低價化。

此外，同樣屬於時尚流通，卻沒有實體店面的網購銷路——日本國內最大型的 ZOZOTOWN 也是以同樣的進程，從高品質的品牌商品（階段一）拓展至低價品牌（階段三），近年來則是從T恤與牛仔褲等基本品項開發至自有品牌（階段四）。

我想 ZOZOTOWN 在創立時是以英國的 ＡＳＯＳ（詳情會於第二章提及）為參考，而正如同 ＡＳＯＳ 已經達到的境界那般，ZOZOTOWN 在開發了基礎的自有品牌後，也有潛力致力於潮流時尚，也就是具有設計性商品的低價化（階段五）吧。

歐美地區可見的流行快時尚枝芽

倘若每十年就會出現一次革新，在二〇〇八年快時尚風潮已經過了十年的二〇一八年，可以說是日本時尚流通的嶄新典範轉移之年吧。

成為快時尚風潮契機的 Forever21 日本一號店於二〇一七年十月關店，H&M的銀座店也在二〇一八年七月結束營業。

事實上，兩者都是因為房租太貴、難以符合收益且已完成職責，才在租賃契約到期時結束合約而關店，我們也可以將此認知為潮流告一段落的象徵性現象。

此外，關於往後十年間日本時尚市場將會引發的流通革新，其關鍵果然還是在於歐美的先進案例之中。之所以有此假說，是因為從二〇一二年起，我每年都會前往歐美地區視察。直到二〇一六年間為止，我已感受到下一個快時尚流通革新枝芽。

其一，是基礎休閒服飾與快時尚服飾的價格，將「進一步低價化」的潮流。

在英國，名為「普利馬克」（Primark）的快時尚折扣商店式連鎖店急速擴張；在網路上，用比H&M更低廉價格販售潮流時尚服飾的網站「超快時裝」（Ultra Fast Fashion）更是來勢洶洶。

在美國，則是出現不同意義的低價化。「折扣零售業」（off-price store）會收購時尚品牌生產過剩及賣剩的庫存，用平常價格的三折到六折販售，並持續拓展市占率。這種比特賣會還要低的價格，受到許多為了尋找挖寶樂趣而造訪的顧客支持，店舖連日生意暢旺。就連原本應該會很重視形象的大型百貨店，也建立了相關的部門加入其中。

其二，因應連鎖店的交易數位化趨勢，擴大網路販售，並鼓勵網路下單、店舖取貨。隨著Amazon等線上商城的擴展，消費者得以分別善用實體店面與網路。擁有店舖網的連鎖店會一邊強化網路販售，並以擁有實體店舖網絡為優勢，藉由免費運送下單商品的方式，提供顧客可以到最近店面收貨的服務（亦即「點擊提貨」），或是擴大協助顧客以線上下單方式，購買實體店面缺貨商品的服務（亦即「掃描購買」）。

逐漸改變的「價值」基準

其三，除了穿著在外的服飾，更將重點放在追求女性內在美，也就是女性內衣與身體皮膚保養等服飾連鎖店舖的拓展。超越GAP服飾的L Brands（原Limited Brands）以全世界最大品牌的地位為傲，其在全美拓展的維多利亞的祕密（Victoria's Secret）與Bath & Body Works就相當有代表性。

該公司在二〇〇七年，認為要與H＆M、Forever21 等快時尚新興勢力進行紅海式的競爭沒有勝算，故決定賣掉服裝事業，改攻內衣與健康美容領域，並取得成功。

其四，是店面提供的免費體驗大幅增加。代表案例是以瑜伽、慢跑為主，於加拿大發跡，在美國大受歡迎的露露檸檬（lululemon）。為了販售衣物與用品，該公司藉由每周在各分店舉行免費瑜伽教室與慢跑教室的社區建立型策略，一面開發客戶，一面提出讓顧客心靈滿足的商品，以此拓展業務。

綜觀近年來日本的時尚市場，可以看到在歐美將零售主戰場導入網路銷售，促成流通業界革新契機的 Amazon 在日本也宣佈要加強時尚領域。為了提高商品的拍攝水準，還拓展了攝影工作室。該公司欲嘗試克服時尚商品的網路銷售弱點，於二〇一八年十月展開了名為「Amazon Prime Wardrobe」的服務（將於第四章詳細說明）。

經營日本最大型時尚網路商城 ZOZOTOWN 的公司 Start Today（現在的 ZOZO）市值曾突破一兆日圓，該網站的商品成交量增加了兩位數，持續擴大，為服裝業界尺寸問題投下一顆震撼彈的「ZOZOSUIT」實驗更是蔚為話題。

此外，還有所謂的 C2C（Consumer to Consumer，二手市場），即是消費者能夠輕易以個人身分販售不需要的服飾雜貨等平台。最大型的二手銷售 App——Mercari 急速拓展，二〇一八年七月成功在東京證券交易所 Mothers 掛牌上市，第一天的終值為五千三百日圓，市值高達約七千億日圓，呈現出人們對日後流通產業擴大的期待。雖然之後其股值穩定下來了，但流通額依然持續增長。

果然，在二〇一八年，日本也發生了好幾起象徵著以網路為中心，流通業界革新早已開始的幾個現象。

往後日本的時尚流通究竟會發生何種變化？消費者所面臨的時尚消費會如何變得豐富，而企業又被要求如何應對呢？我想在下一章開始探討。

Column 1

二十世紀型企業與二十一世紀型企業的差別

許多二十世紀的市場領頭羊、百貨公司、綜合超市和專門量販店等零售業，都是採購廠商製造的商品來販售。他們藉由有集客力的地點與店鋪數量等購買力來和廠商交涉，發起豐富商品品項與低價化的流通革新。

然而，在零售業占有優勢的交易條件中，也存在著一些條件——賣剩的物品可以退還給廠商或是降價處理，損失的部分由廠商給予折扣來填補，倘若下單的商品感覺賣不完，就算不領收尚未進貨的預訂商品也無所謂，只要採購店面能賣掉的分量即可。

為此，在這種就算沒有賣完庫存，廠商也會想辦法處理的「安於現狀」之中，我們無法否認有為數不少的採購負責人對於庫存欠缺認真管理的態度。

相對於此，許多二十一世紀的勝利組為了合理化流通，除了開發自家商品，對於進貨的商品庫存也抱持更加謹慎的態度。這些企業在訂貨時會針對成本與交期提出嚴格的條件，不過只要客戶方履行契約，就會於期限內取貨，並確實支付貨款。當然，如果沒有照著計畫賣出商品就會累積庫存，壓迫到資金，因此會認真想辦法把商品售完。

再者，為了改善商品，這些企業也會從不滿意商品的消費者手中，收取不良品以外的退貨。像這樣讓自己處於沒有退路的狀態下，企業就能一面將店鋪的「鮮度」擺在第一位，配合季節去消化庫存，周轉現金流量。

此外，二十一世紀的勝利組為了合理化自行承擔風險的流通方式，會充分享受科技進步帶來的利益。自二〇〇〇年以來網路寬頻普及，從得手資訊到業務效率都有了劃時代的速度升級。能夠一面收集全球資訊，配合地點去調度商品並販售的ＳＰＡ與快時尚連鎖店，其高速運轉模式可說是若沒有網路的高速化，就不可能達成。

二十世紀型企業與二十一世紀型企業的差異，在於究竟是無法跳脫舊有的商業模式，面對進貨業者只會誇耀購買力而停止進步，還是逼迫自己，傾聽消費者心聲，善用最新的科技，持續努力改善商品與店鋪，將商品魅力傳達給顧客。

換言之，其差別在於是將工作的重點放在和進貨廠商的洽談，還是努力抓住顧客的心。企業是否脫胎換骨會成為明確的分界點，並呈現在顧客支持度與業績的差異上。

CHAPTER 2

歐美現今
正發生什麼事？

更加低價化、快速化的潮流

在歐洲持續拓展的超低價快時尚連鎖店「普利馬克」

接著，我們來看歐美的兩個大趨勢——「時尚的進一步低價化」（Ultra Fast Fashion）以及「活用網路改善消費體驗」（＝智慧消費）這兩個潮流。

我在海外最能感受到流通變化徵兆的都市，是英國的倫敦。這是因為，倫敦可以說是世界時尚流通市場中最為激烈的戰區。

身為歐洲經濟大國的英國，向來積極接受移民以增加人口，並持續經濟成長。首都倫敦是世界首屈一指的觀光都市，更因產生許多觀光需求而聞名。

除了英國的新舊當地連鎖店以外，由於身處歐盟圈，歐洲大陸的連鎖店很容易在此展店，再加上屬於英語圈，美國連鎖店也很盛行在此拓展。像牛津街與攝政街這等倫敦中心地區及主要的購物商圈，會有好幾間相同的時尚連鎖店開在附近，全球連鎖店列強們齊聚一堂，簡直就像是在打陣仗戰。

作者透過 Google map 製作而成

圖表2-1　倫敦商業街上的全球連鎖店密集度

在倫敦，提供低價商品的勢力已經凌駕於帶領全世界快時尚風潮的H&M，並出現在拓展實體店面的連鎖店與網路商城上，對現有的服飾連鎖店造成威脅。其中的代表就是普利馬克。

普利馬克成為都市型超快時裝店

普利馬克是在二〇一八年九月期決算中於英國、歐洲大陸、美國等十一個國家拓展了三百六十間店鋪，創下年營業額一兆一千一百〇三億日圓的低價格時尚店。

與前年相比，其營業額增加了百分之六，營業利益率高達百分之十一點三，在全世界服飾專賣店營業額排行中也屬於頂尖的高成長、高收益企業。在全世界的服飾專賣店營業額排

普利馬克　牛津店東店

行中是第七名，在英國則是第一名的服飾專門連鎖店。

普利馬克隸屬於以食品為中心，主要製造人人皆知的唐寧紅茶之綜合企業——英聯食品（ABF）集團的零售部門，在愛爾蘭的都柏林設置本部，以英國市場為中心，在過去十年間以年平均增加百分之十六，急速發展為營業額四點四倍的連鎖企業。

普利馬克在二〇〇〇年代前半拓展到了愛爾蘭及英國郊外，不過之所以會在歐洲市場提高知名度並加強影響力，是二〇〇六年與二〇〇七年分別在西班牙的馬德里、

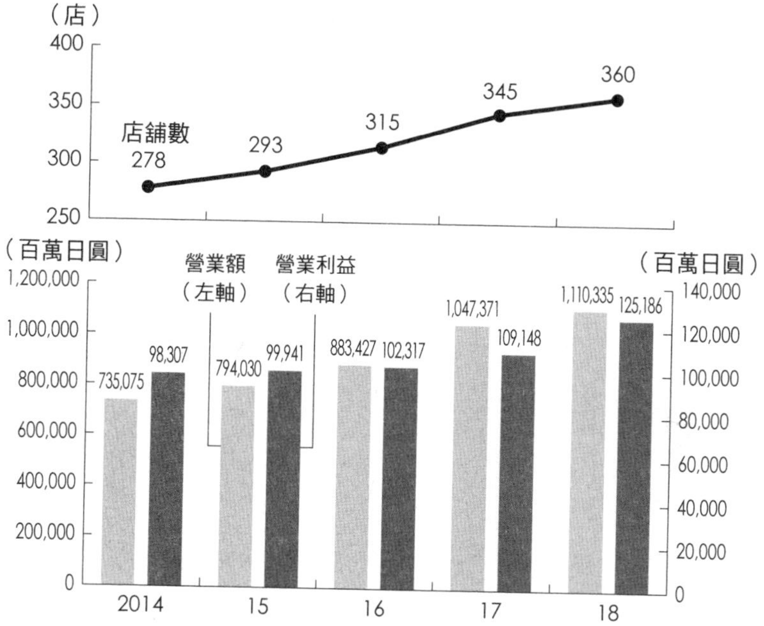

作者參考英聯食品（ABF）／年報製作而成

圖表 2-2 普利馬克的營業額、營業利益與店鋪數量變遷

英國的倫敦及利物浦市中心拓展大型店鋪的緣故。

其在二〇〇七年，於全世界時尚流通的超級激戰區——倫敦市中心牛津街西側展店，坪數為兩千坪的大型店鋪，吸引了眾多以豐富品項和「超便宜」價格為目標的人來訪。

兩千坪，這是平均賣場面積為七百到八百坪的H&M兩倍以上大小，而便宜的價格，更是只有H&M的三分之二左右（在H&M要賣十九點九九英鎊的商品，普利馬克則以十三英鎊販售）。

此外，普利馬克店內還常有一件賣兩到三英鎊的T恤等吸睛商品，也就是以增加購買客數為目的，採取薄利多銷策略的「損失領導物」（Loss Leader，註：連鎖店用語，意指會讓顧客驚呼的便宜商品。由於毛利低，根據情況，有時也要有陷入赤字的覺悟，故以此稱之）。大量的客人使得店內相當熱鬧，各樓層的二十台收銀機前經常大排長龍，等著結帳。

過去，H＆M打造了賣場面積更大的店鋪，以更加低廉的價格販售，擠下英國的 next 與 TOPSHOP 等當地連鎖品牌，提升了英國國內的市占率，沒想到卻被普利馬克奪走規模與價格優勢。

為何能夠用比H＆M更低廉的價格販售？

我曾在倫敦舉行奧林匹克運動會的二〇一二年夏天，於牛津街與倫敦郊外的斯特拉特福購物中心觀察普利馬克的情況。

在如同百貨公司般的大型旗艦店裡，從女裝、男裝、童裝的實用衣物到潮流品、鞋子、首飾及化妝品、時尚家居等都以低廉價格販售。在營業時間早上八點到晚上十點之間，店內的客人絡繹不絕，給我的印象簡直就如同服飾批發市場。

追求低價時尚的青少年、所得較低的移民家族、可能來自中東或非洲，拖著大行李箱大量購買的旅客，使得店內連日都相當熱鬧。看到這種景象，從流通業的常識來思考，就會浮現出三個疑問。

一、究竟是如何實踐這般低廉價格？

二、在市中心開設如此大型的店面，是否合乎利益？

三、比H&M便宜，品質絕對稱不上好的商品會受到怎樣的客群接受？

關於第一點的低價實踐，只要普利馬克採用折扣型的低毛利率、低成本營運等薄利多銷型商業模式就有可能。我推測H&M的商業模式是在孟加拉、柬埔寨、土耳其、中國等地以成本率的百分之三十左右採購商品，最後得到百分之五十五左右的毛利率。這個百分之五十五的毛利率，在業界中可謂相當高的水準。

相對於此，像是日本的SHIMAMURA等企業所採用之折扣型商業模式，只要藉由低成本營運將銷售管理費率控制在營業額比率的百分之二十左右，即便只有百分之三十的毛利率，也能夠確實掌握營業利益。若採用這等商業模式，縱使與H&M原價相同，在計算利益上，普利馬克也有可能降低販售價格。

接著是第二點——針對在市中心開設大型店鋪的利益疑問，若追究普利馬克在市中心展店的原委，會發現是因為舊世代連鎖店依然維持固有的方式經營，導致營運失利而關閉市中心的大型店鋪並撤資。由於空出來的店面廣闊，其實很難找到租借方。

擅長大型店業務的新興勢力，就有可能以好的條件在該處展店。像普利馬克在市中心展店的地點，很多是百貨公司或運動品牌連鎖店等因為經營破產或裁員而留下的舊址。

至於第三點的客群，其實移民等低所得客群在市中心正不斷增加。對於衣料品質，認為「只要低廉其他都無所謂」的人們，也在人口眾多的市中心占了相當多數。如能協議好房租，本來就以低成本營運的連鎖店，縱使房租昂貴，也可能預估到市中心的大量來客數而提升販售效率，產生獲利。

從歐洲跨足至美國的普利馬克氣勢

普利馬克後來又在牛津街的東側開了一間兩千一百坪的新大型店鋪。此展店策略，是掌握全世界競爭最激烈的時尚流通地區——倫敦市中心的購物商圈牛津街西側（舊店鋪）及東側（新店鋪），也就是最優良的商圈出入口，對連鎖店來說可謂經典的展店策略。

根據二〇一七年夏天我在倫敦的視察，相較於普利馬克於二〇〇七年開業的西側店舖，十年後開業的東側新店舖，進一步升級了普利馬克與H&M匹敵的時尚店舖水平，讓人印象深刻。

走在牛津街附近的購買顧客，其手上所拿購物袋以普利馬克穩居第一，接著是H&M，再來是很受觀光客歡迎的高級百貨公司塞爾福里奇（Selfridges）。

二〇一五年，以英國與西班牙為中心拓展歐洲地區的普利馬克橫渡大西洋，打入美國。以波士頓為首，普利馬克開始在美國東海岸展店。店舖位置果然也是用相當優勢的條件，租下曾在同個地點大量關店的美國最大百貨公司——西爾斯（Sears）的遺址。據說，普利馬克現在的店舖數量還很少（二〇一八年九月時為九間店舖），正藉由拆舊造新的方式，摸索著能夠合乎利益的適當賣場面積與販售效率。

在日本業界，和普利馬克相同定位的優衣庫集團企業「GU」與「SHIMAMURA」也拓展至市中心，就連折扣商店「唐吉軻德」服飾部門也在市中心推廣服飾的低價化。

綜觀這些連鎖店在市中心的拓展，會發現即便普利馬克尚未進駐，日本市中心的時尚商品也早已開始推行進一步的低價化。

靠英國網路成長的「Ultra Fast Fashion」

ZOZOTOWN奉為指標的「ASOS」

第二個案例同樣來自英國，即是網路上也在推行的時尚商品進一步低價格化、快速化現象。

英國的時尚商品線上購入比率為百分之二十四，在先進國家之中，屬於線上購買最為盛行的國家之一。

引領這個網路超快時尚化的企業，是ASOS、boohoo與Missguided這三個線上品牌。

ASOS（總公司位於倫敦）於二〇〇〇年創業，在二〇一八年八月期的年營收為二十四億一千七百萬英鎊（與前年相比增加了百分之二十六），營業利益率為百分之四，為上市企業。兩名創業者是從娛樂業界跨行，以能夠在線上購買娛樂圈名人所穿之時尚單品的商業模式起手。

後來，該公司在網路上發佈以二十幾歲族群為對象的時尚品牌資訊，並揀選知名品牌的服裝商品來擴大品項範圍，發展成同時致力於發展自有品牌的網路商城。

現在，ＡＳＯＳ販售八百五十種合作品牌與公司自有品牌。其組成約為前者百分之六十，後者百分之四十，其中合作品牌會提供約百分之二十左右的專賣商品，也就是說，整體的百分之六十都是必須透過ＡＳＯＳ才能購入的商品。

ＡＳＯＳ每周會釋出五千種品項的新商品，經常販售著八萬種商品，靠著發佈勝過時尚雜誌的龐大資訊與豐富品項，成為英國許多年輕人的時尚資訊來源。

關於自有品牌商品部分，該公司擁有許多內部設計師，會每天做街頭觀察與網路觀察，抑或是每小時藉由網路即時數據，掌握潮流資訊與需求變化，以便進行設計。在花好幾天完成樣品後，即可在英國國內生產，並於幾個禮拜後上線販售，相當迅速。

每天釋出一百種新商品的「boohoo」

boohoo（總公司位於曼徹斯特）於二〇〇六年創業，在二〇一八年二月期的年營收為五億七千九百萬英鎊（與前年相比增加了百分之九十七），營業利益率為百分之八點七，為上市企業。

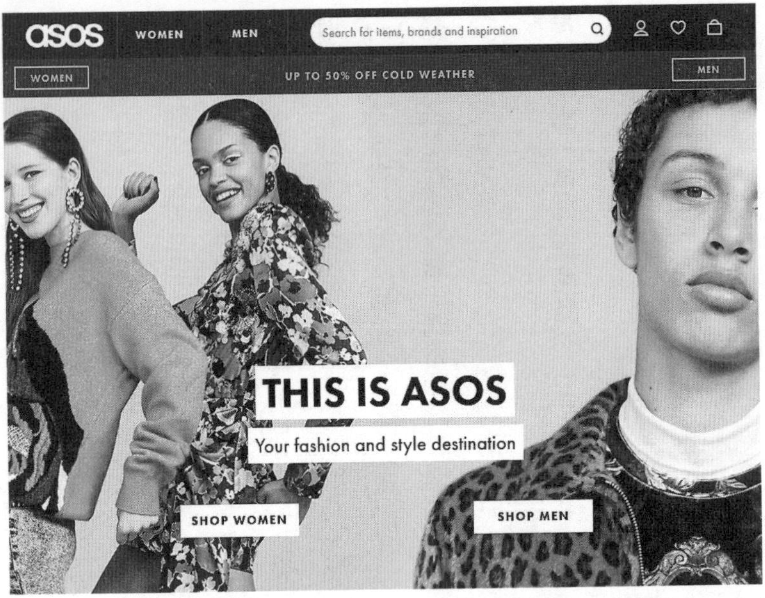

來源：https://www.asos.com/

其創業者為來自印度的第二代移民，繼承了父親在英國經營的服飾製造業，與合夥人一起透過網路開始直接向消費者販售。

商品主要以十六歲到三十五歲的女性為對象，皆為低價格的街頭時尚原創商品，內部設計師會在自家公司製作樣本，所有商品中約有百分之五十是在英國生產，最快兩個星期即可於線上販售新商品。該公司每天會釋出一百種新商品，經常性販售著兩萬九千種商品。

來源：https://www.boohoo.com/

看透數位原住民世代消費模式的「Missguided」

最後，Missguided（總公司位於曼徹斯特）於二〇〇九年創業，在二〇一七年二月期的年營收為兩億六百萬英鎊（與前年相比增加了百分之七十五），為非公開企業。

來自印度的第三代移民創業者在大學畢業後，曾協助父親以英國連鎖店為對象的服飾進口批發業務，後來獨自創業，沒想到來自亞洲的大量服飾進口批量與漫長的前置時間成為他業務上的瓶頸。

於是，創業者藉由在英國國內

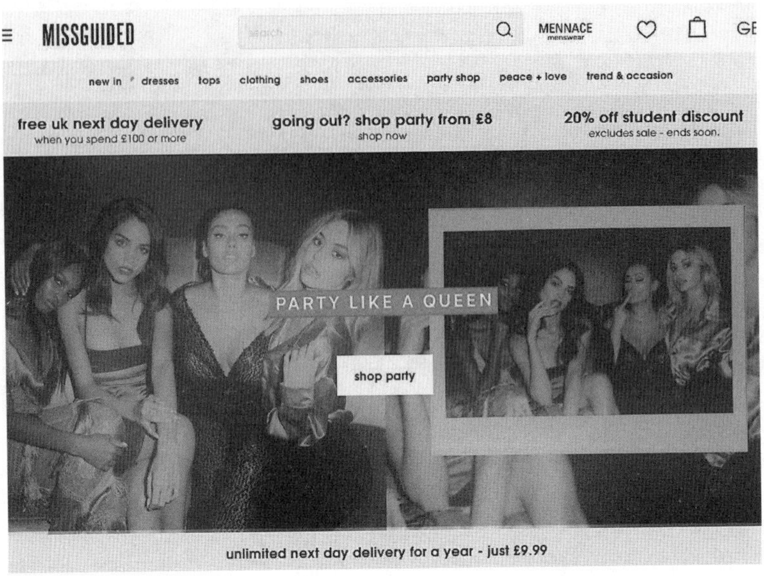

來源：https://missguided.co.uk/

生產，實現了小量生產並縮短生產前置時間，更看透數位原住民世代的消費模式，選擇了直接販售給消費者的網路業務。

假使在英國國內生產，以十六歲到三十五歲女性為對象的原創商品從企劃到開賣最快只要一個星期。即便是在亞洲生產，利用空運也只需三個星期左右即可送達商品，每個月會釋出一千種品項的新商品。

靠地產地消實踐「超快時尚」

三間自有品牌能夠實踐超快時尚化，也就是設立合乎高效率企劃到發售的價格，是有共通點的。那就是，公司內部有設計師，用獨立的攝影棚拍攝在英國國內生產的商品，並藉由網路快速販賣。

印地紡集團旗下擁有在快時尚業界執行最快速商品企劃生產並持續獨贏的ZARA，而該集團也藉由在自己的國家——西班牙及葡萄牙、摩洛哥、土耳其等鄰近國家生產，將「兩個星期內追加生產熱賣商品，四個星期生產新商品」化為可能。

前述的三間公司都是採用在英國生產並於國內販售的「地產地消」模式，才得以實踐匹敵，甚至於高過ZARA的速度。再者，相較於ZARA每星期會訂貨兩次新商品，網路的快時尚企業可以在企劃室裡掌控線上的即時銷售數據，以數小時為單位決定是否訂貨。

H&M雖然稱之為快時尚，但得花六到七個星期（兩個月）的前置時間來生產。直到最近，該企業又為了在全世界原物料高漲與人事費用提升之中追求低價格，而將生產據點轉移到處於開發階段的西亞與東南亞，以降低人事費用，但生產期間卻進一步拉長。

H&M利益率低迷，其主要原因除了前置時間變長以外，和實體對手店舖——普利馬克的猛追、網路的超快時尚品牌躍進並非毫無關聯。

對這三間公司來說，在自己國家——也就是英國生產，與在亞洲國家相比的人事費用並不便宜。然而，倘若能夠不錯過機會，有效率地生產必要量，盡可能不要降價，而是用定價銷售完畢的話，也有可能得到充分的毛利。這與ＺＡＲＡ的想法相同。

再者，他們不是用實體店面，而是網路販售，與拓展實體店面的連鎖店相比，會大幅減輕固定費用中的房租。為此即可控制銷售管理費，即便是在英國生產，也能夠制定得以合乎利益的價格。

三間公司皆透過「地產地消」實踐時尚的超快化：在當地製作，藉由網路賣到全世界。這是網路使整個世界即時連接的現在，才可能產生的機會，很值得日本與亞洲的年輕實業家們務必參考看看的商業模式。

品牌時尚的超低價販售！折扣零售店的內幕

為了挖掘珍貴商品，許多客人會來訪

相較於英國無論是在連鎖店或網路商城都能夠以低價販售的「商品製造」機制，美國的低價化，則是用低價來販售知名品牌。

當新聞相繼報導許多百貨公司與服飾連鎖店大量關閉，美國市場中的折扣零售店卻是持續成長。

折扣零售店是一種連鎖店，經常以百貨公司或專賣店定價的七折到兩折，來販售許多知名設計師品牌與全國性品牌時尚、生活雜貨、首飾、化妝品、居家時尚等商品。

較知名的有專門店 T.J.Maxx 與 ROSS DRESS FOR LESS（以下簡稱 ROSS）、百貨公司體系諾德斯特龍（Nordstrom）集團的 NORDSTROM rack，以及薩克斯第五大道（Saks Fifth Avenue）所開設的 Saks OFF 5TH 等。

這是大家並不熟悉的業務型態，不過只要提到 OUTLET，大家或許就會有畫面了。

OUTLET店是品牌與廠商自行降價以販售過多的庫存，折扣零售店則是連鎖店，會以現金收購許多知名品牌的過剩庫存，再以折扣方式販售。

全美國已經有好幾間折扣零售店，根據等級不同，也有些店內會陳列拉夫・勞倫馬球（Polo Ralph Lauren）、卡爾文・克雷恩（Calvin Klein）、湯米・希爾費格（Tommy Hilfiger）、愛迪達、閃銀（QUIKSILVER）等世界知名品牌。其中，有許多折扣零售店會進駐到有購物中心、超市、藥妝店等的商圈。由於店內陳列的名牌商品廣受歡迎，又能夠便宜購入，每天都有許多客人為挖掘珍貴商品而來訪。

巨大的折扣零售店市場規模

我想大多數的讀者無法想像「折扣零售店」究竟是多大規模的連鎖店，不過在知道實際狀況後，鐵定會嚇一跳的。

最大型的折扣零售店集團TJX，光是旗下的T.J.Maxx、馬歇爾音箱（Marshall）與HomeGoods，在美國國內就已經拓展了兩千九百五十六間店鋪，年營業額換算成日圓為兩兆九千七百七十三億日圓，營業利益率為百分之十三點三，為高收益企業。該公司也發展至全世界（主要為英語圈），全球的店鋪數為四千零七十間，全球年營業額為三兆九千零二十一億日圓，創造出百分之十一的營業利益率（國內銷售比率為百分之七十六，國外銷售比率為百分之二十四）。

業界第二名的ROSS STORE在全美國開了一千六百二十二間店鋪，年營業額換算成日圓為一兆五千億日圓，營業利益率為百分之十四點四，也是高收益企業。第三名為伯靈頓商店（Burlington Stores，以下簡稱伯靈頓），在全美有六百四十一間店鋪，年營業額換算成日圓為六千六百四十七億日圓，營業利益率為百分之七點九。

若從最大型企業TJX和第二名的ROSS STORE投資人關係資訊來看美國國內的損益結構，會發現相對於毛利率百分之二十八至二十九，企業將「銷售管理費」的比例控制在營業額的百分之十四到十五，故可以藉由低成本營運創造出百分之十三到十四的高營業利益率。

此折扣零售店的市場除了專賣店以外，就連擁有各種庫存的百貨公司也會購齊一定程度貨量的商品，好參與其中。首先，全美國最大的百貨公司諾德斯特龍擁有一百二十三間一般百貨公司型態的店鋪（與四年前相比增加六間店鋪），但他們卻將集團內名為Nordstrom Rack（以下簡稱Rack）的折扣零售店，拓展至兩百三十五間店鋪（與四年前相比增加九十二間店鋪），使折扣零售店的業務占了該公司整體營業額的百分之三十三，大約是五千三百九十二億日圓的年營收。

近年來，其本業的百貨公司營業額呈現持平狀態，折扣零售店業務卻創造出每年百分之十左右的成長。此外，加拿大哈德遜灣（Hudson Bay）百貨旗下的老牌高級百貨公司——薩克斯第五大道所開設的折扣零售店「Saks OFF 5TH」，店數比四十一間百貨公司形式的店鋪高出三倍，也就是一百二十九間店鋪。

這裡所介紹的五家專賣店與百貨公司，根據我的推測，大約在全美形成六兆日圓的巨大市場，也就是擁有整體市場百分之十五左右的市占率。

為何能夠時常以折扣價販售名牌商品？

為何這樣的業務型態可以在美國有這等規模，甚至還能拓展呢？我想大家會有這樣的疑問吧。

在美國，百貨公司與專賣店的進貨基本上是採買斷方式，因此才會有很多無法如預期賣出去的商品與每一季結束後賣剩的庫存。過剩庫存當然會使現金流惡化，這對企業是生死問題，故只要有人願意以現金收購，不僅是過去的庫存，連在當季中成為企業經營重擔的過剩庫存也能夠脫手。品牌方亦然，光靠郊外地區的OUTLET，也無法將過剩庫存全部處理完畢。

折扣零售店會直接或藉由仲介商收購這些過剩庫存，並利用經常性的折扣販售來網羅客人。

方針上雖然是這樣，但也有連鎖店、專賣店是以利潤和現金流為目的而大量進貨名牌商品。品牌與廠商方也預測到了折扣零售商的爆發性販售能力，因而大量生產。與其說這是流通生態系統，就某種意義上來講，不如說是默許的新通路。

一般來說過剩庫存會用折扣方式販售，供給上並不穩定。如果進了好商品販售倒還不成問題，倘若人氣商品賣完了，店內剩餘的商品就沒有足夠的魅力吸引消費者。

因此，許多折扣零售店也常會收購當季的品牌商品，數量上是一周剛好可以賣完的量，藉此保持店內商品的新鮮度，再者，像內衣褲與上班族襯衫這種實用衣物也會備足各種尺寸，受到吸引的顧客就會絡繹不絕，在收銀台前大排長龍。

綜觀這樣的店家，會發現除了用折扣方式販售過剩庫存以外，店內其實還穩定提供不少有品牌的實用衣物與首飾等商品。

折扣零售店之所以受歡迎的原因，其中一點在於尋找寶物的樂趣。顧客能夠以實惠價格買到高品質的名牌商品，又能找到高人氣的熱賣新品，這種來挖掘、尋找珍貴商品的樂趣就會構成來店動機。

此外，又因為內衣與上班族襯衫等實用衣物的存貨相當充足，不僅品質相對優良，還能以折扣價格入手，就會成為客人回購各種日用服的固定店家。這得以成為勝過在網路上購買，「讓人願意特地在實體店購買」的理由吧。

事實上，根據二〇一八年我在美國的視察，會發現雖然 Amazon 等網路商業不斷提升營業額，導致許多連鎖店不得不大量關店，但是這些「折扣零售店」無論到了哪裡，都能生意興隆。

時尚低價化與折扣販售進軍市中心

觀察了這樣的美國市場後，這幾年來我更注意到折扣零售店正往市中心發展。

一開始由於低成本營運的緣故，折扣零售店會以房租便宜的地段，尤其是超市、藥妝店等也會進駐的商城為主戰場，然而，隨著最近人氣高漲起來，折扣零售店也增強了身為連鎖店的實力，例如成為購物中心的核心租客，在紐約的曼哈頓市中心（聯合廣場附近）展店，表現出打入核心鬧區的舉動。

今後，假使美國的市中心變成：①包含移民，人口往都市地區聚集，所得差距擴大②

外國觀光客的購買伴手禮、衣飾的需求增加③市中心的大型店（百貨公司、GMS、書店、家電量販店等）業績惡化，在和Amazon競爭之後撤退，折扣零售店得以用便宜房租展店，這個傾向應該也會越來越顯著。

以國際都市為目標的日本市中心，也十分有可能引發同樣的狀況。很多業界人士認為在租金高昂的市中心不應該賣便宜貨，然而，人口越多，期望購買便宜商品、不想在服裝上耗費金錢的人更會壓倒性地多，因此低價化在都市地區也會很受歡迎。

假設出現了符合房租預算的物件，對於長時間以低成本營運的連鎖店來說，應該能夠充分取得利益。

像美國這種折扣零售店，為何還沒有在日本出現，原因之一在於日本的百貨公司儘管不是買斷，較沒有庫存的壓力，但依然認為用折扣販售有損名牌商品的形象。而OUTLET商場因位於郊區，離市中心有一定的距離，折扣販售是理所當然的。

日本的服裝業界長久以來有著過剩庫存的問題，郊區的OUTLET商場展店也逐漸接近飽和。現在，網路商城等成為處理過剩庫存的一個發洩口，不過這部分也有所極限。如果有搶手的珍貴商品，又網羅了內衣與上班族襯衫等消耗品，就會聚集許多客人，也能提

美國　洛杉磯的 T.J.Maxx 店鋪外觀

美國　西雅圖的 Nordstrom Rack　店鋪外觀

升庫存的周轉率。在不久的將來，類似美國折扣零售店的連鎖店也有可能會在日本的市中心出現。

交易數位化的潮流

「時短」成為美國流通革新的大潮流

在歐美可見的兩個流通革新大潮流，並非商品品質與價格的革新，而是用網路數位技術來改善消費者的消費（＝購買）壓力，也就是「智慧消費」革新。在此，我們先將革新的要點稱之為「時短」（即縮短工時）。

促成此革新的是Amazon公司。該公司從一九九四年創業以來，就實踐了品項豐富，縮短顧客尋找商品的時間，同時也提供得以比較、查詢類似商品的環境。此外，Amazon還保證了比任何地方都更便宜的價格。只要下單後，商品很快就會送達客戶手邊，這減輕了舊有購物模式的壓力，讓顧客感到驚豔，也持續改變消費的常識（關於Amazon公司的消費革新，我們會於第四章再稍微詳細說明）。

再者，自二〇〇七年智慧型手機問世，隨著4G高速通信變得普遍，更快速促成網路購物的普及。消費者就算不啟動電腦，也可以在通勤通學、移動中、等待時間、於自家客廳放鬆或是躺在床上毫無壓力地上網購物。

美國流通業界開始深刻感受到危機是在二〇一一年左右，Amazon急速成長對零售業業績帶來偌大影響。那年，曾是世界上最大型零售業，也是美國最大間百貨公司的西爾斯控股從全美零售業營業額前十名被拉了下來，而Amazon公司則擠進了前十名。

Amazon早在二〇〇九年的營業額就高過了全美營業額第二名的大型百貨店梅西百貨（Macy's）。不只是Amazon躍進的刺激，對消費變化也感受到危機的梅西百貨，面對這類網路商城專門店，也開始思考擁有實體連鎖店舖之零售業才有的顧客優勢。

此業界有個名為「全美零售業聯盟展」（縮寫為NRF，每年一月會在美國紐約舉辦）的活動，會有許多全世界的零售業者出席，並針對未來消費提出新的商業潮流關鍵字，因而受到矚目。在這個NRF的二〇一一年度大會上，擁有實體店面的零售業連鎖店，力求實體店面與網路商城的互補效果，並以如何將店舖數位化和推動行動商務的「全渠道零售」（Omni Channel Retailing）為主要議題（關於舊有流通與全渠道的差異，請見本章後半段）。

此外，在這場大會中，因為梅西百貨宣佈了「將以成為全渠道企業為目標」，「全渠道」這個關鍵字才開始成為零售業商業潮流，受到全世界矚目。

世界大型流通業者所推行的全渠道化

在這年之後，全世界的大型流通業者除了強化網路販售外，也同時投資擁有實體店面之連鎖店才能執行的「消費革新」（＝全渠道化）。連過去相當輕視網路販售的全球各大連鎖店也預測到顧客對消費的期待與常識將會改變，正式採取應對措施。

二〇一一年以後，梅西百貨一面強化網路消費，同時於網路上公開顧客在店面會有興趣的商品資訊與各店舖的庫

美國百貨公司－梅西百貨店內的裝置（二〇一四年）

存資訊，並為了讓顧客能夠最快搜尋到想要商品的庫存，而投資系統。

圖片是我在二〇一四年造訪紐約梅西百貨店舖時所發現到的店內裝置。只要在裝置上掃描商品的條碼，即可查詢包含商品資訊、購買者評價、附近其他分店的庫存資料等。

二〇一四年，全美國最大的零售業折扣連鎖店沃爾瑪（Walmart）也開始利用網路執行店舖消費代辦服務，可以在專門櫃台或得來速等地方收取網路下單的物品。

在哪裡都可以購買同樣的商品，既便利又節省時間，這股趨勢將往更划算的方式發展是再自然不過了。

接下來我將透過英國和美國的案例，來介紹那些樂於和 Amazon 所打造之新常識的消費者購物變化共存，並進行消費革新的連鎖店。

在倫敦普及的「點擊提貨」與「掃描購買」

為何顧客會特地去店鋪拿貨呢？

二〇一七年夏天，時隔兩年我再度前往倫敦視察，對於各連鎖店導入「點擊提貨」（Click&Collet）的服務並急速普及一事感到驚訝。所謂的「點擊提貨」，意指顧客去他覺得方便的店家領取在網路上購買的商品。

走在倫敦市中心的牛津街與攝政街，會發現從百貨店公司到專賣店、Topshop、next、H&M、ZARA、優衣庫這些連鎖店的櫥窗旁清晰可見的地方都會貼上「Click&Collet」的貼紙，到了店內後，說明該店哪裡可取貨的標誌也會映入眼簾。

大家可能有疑問，為何顧客會特地到店鋪去拿商品呢？

如果藉由英國老牌服飾連鎖品牌——next來說明為何「點擊提貨」會普及，原因大致如下：

- 宅配需要三點九九英鎊的宅配費用，但在店鋪領取就免費。

- 若為宅配，通常要等三到四天商品才會到貨。由於無法像日本一樣指定精細的時間，對於忙碌的消費者而言，要等宅配到貨是偌大的壓力。
- 若藉由點擊提貨到店鋪領取，只要在半夜十二點以前下單，隔天中午十二點以後即可在顧客所指定的店家收取下單商品。
- 透過國內共有五百四十間分店的網絡，在生活圈、通勤圈內就會有方便取貨的店家。

在英國，next的網路商城營業額比率占了全體營業額百分之四十，根據該公司的資料得知，「點擊提貨」比率占了下單件數的百分之五十五。網路營業額比率為百分之十二的ZARA（僅限網路商城發達的國家）點擊提貨比率為百分之六十（全國平均）。從這些數字來看，可以得知在歐洲，點擊提貨相當普及。

根據next的年報可知，有許多買家會在店鋪領取一到兩件左右的商品，而一次下單多件商品的顧客則以選擇付費宅配的案例比較多。

next 的店內廣告

在國土並不廣闊的英國，連鎖店的物流網涵蓋了倉庫到店鋪。連鎖店結合了網路下單商品與物流網，讓顧客在方便前往的店面領貨。

向 next 學習店鋪與網路的結合

在日本，next 也讓其他擁有店鋪網與物流網的連鎖店了解到，必須要活用這些資源。日本國內最大型的優衣庫與第二名的 SHIMAMURA 各自建立了八百五十間和一千兩百間分店的店鋪網，以及每天從倉庫配送到店鋪的物流網。現在，優衣庫的網購營業額比率為百分之六，SHIMAMURA 於二〇一八年在 ZOZOTOWN 展店後，才總算開始網購。一般認為，兩間公司在價格低廉且要花配送費的網購部分，都無法得到充分的利益。

然而，正如上述，並非只有宅配才是網購的配送方法。優衣庫與 SHIMAMURA 也應該像 next 一樣，活用各自的店鋪網與物流網。甚至可像 next 那般，除了自家商品以外，還有可能成為其他公司商品的取貨據點（next 在自家公司的線上購物網站也販賣許多其他品牌的商品）。此外，由於店面寬廣，若能設立對客群很有親和力的樂天等網購取貨櫃，也可以增加取貨顧客順便逛店家的機會。

在線上購物發展的時代，人們常說是連鎖店的受難時代，不過，作為線上購物取貨據點力求共存，不也是一個思考模式嗎？

VIP待遇?!高級百貨公司的點擊提貨服務

我在前往倫敦時，也嘗試了在百貨公司與量販店內收取網購商品的點擊提貨服務。

在很早就開始實施點擊提貨的約翰路易斯百貨公司（John Lewis）與在英國境內擁有許多收貨專門店的網購公司Argos，只要當天或隔天於指定店面的專用收貨櫃台出示身分證明，即可收取線上下單的商品。

從購買心理來看，無論早上或是深夜皆可在自己有空閒的時段選擇商品下單，再用信用卡結帳，也不需要焦急等待什麼時候才會送到家裡，依照個人方便的時間，繞到附近店舖取貨即可。取貨也幾乎不需要等待。

交易數位化之所以發達，人們常說是因為線上購物的價格比較便宜。不過，時短與便利性可比價格要厲害多了。依照自己的時程，以個人的步調解決購物的麻煩手續，並於方便時去取貨，實在是非常舒適。

在倫敦，我已於各式各樣的店鋪內體驗過點擊提貨服務，相較於約翰路易斯和Argos的櫃台只單純受理取貨，也有些店家提供了稍微不一樣的服務，那就是高級百貨公司塞爾

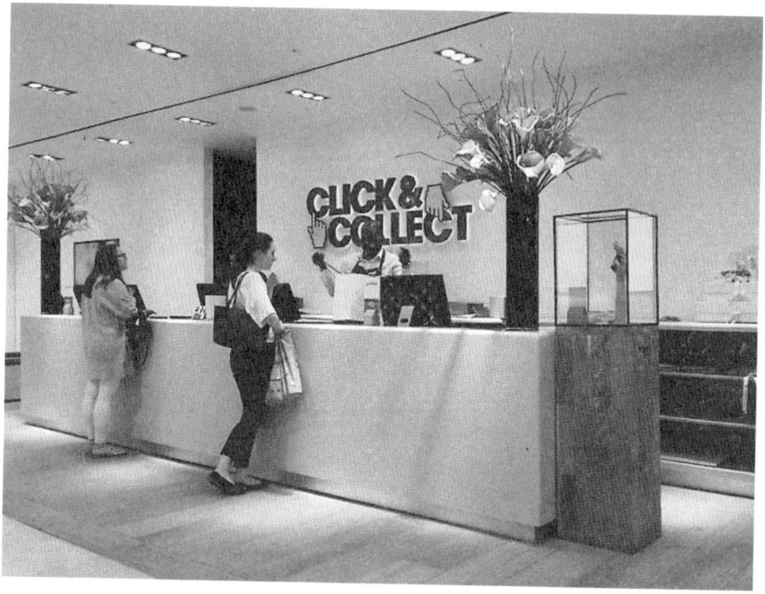

英國倫敦的塞爾福里奇本店

福里奇。

我坐在塞爾福里奇受理區的沙發上，望著櫃台，可以看見委託包裝禮物的客人，以及在大鏡子前試穿女鞋，並接受穿著西裝的銷售員接待的顧客。看著這光景好一陣子，腦中突然浮現出某位職場女性可能的購買行動：她預計隔天晚上要去朋友的生日派對。前一天晚上，她坐在家裡的沙發上，從塞爾福里奇的線上網站挑選禮物並下單。當天工作結束後，她順道去塞爾福里奇，挑選精美的包裝紙並請店員包好，再順路前往辦派對的餐廳……我

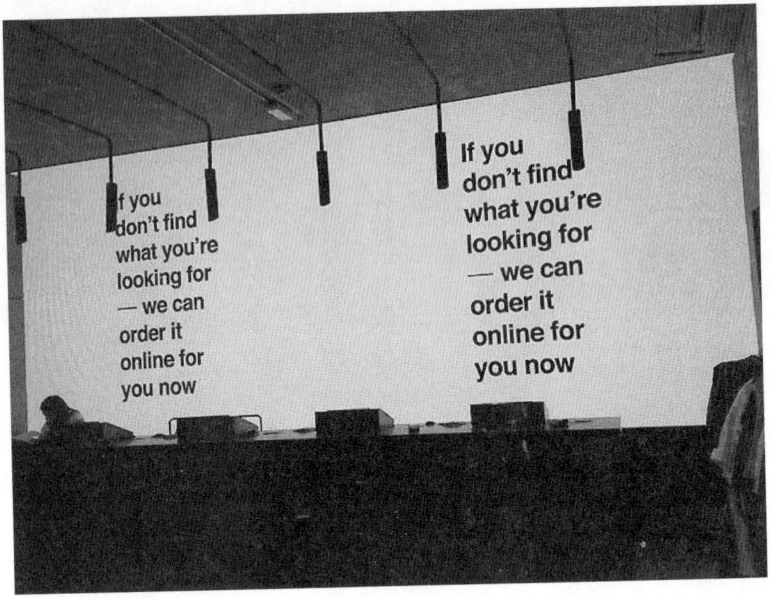

英國牛津街的 ZARA

非常希望，日本的百貨公司與精品店也能夠提供這樣的服務。

靠「掃描購買」輕鬆檢索庫存與尺寸

此外，與「點擊提貨」相反，當店鋪裡沒有想要的商品庫存與自己的尺寸時，也有連鎖店提供在網路上搜尋庫存，並協助購物的服務。

許多連鎖店會在手機 App 上設有掃描條碼的功能，當店裡沒有客人想要的商品尺寸時，只要掃描其他顏色或尺寸的同款商品，即可搜尋網路上與附近店家是否有庫存。

假使很急，顧客可以直接去有庫存的分店購買，亦能在網路商城上購買並請店家宅配到府。此機能又稱為「掃描購買」，許多連鎖店皆有採用。

在現有的 next 店鋪中，收銀機前面就備有網路下單用的裝置，可以看到工作人員協助顧客下單的景象。ZARA也是，倘若店裡找不到想要的商品，標牌上也會標示如何在網路上訂購的要點。

在網路上下單，於店鋪取貨，又或者是好不容易來到店裡卻沒有庫存，此時店員會為顧客查詢庫存位置與要如何才能入手商品，協助他們購買。只要了解這個方法，今後顧客就得以自行搜尋。這正是交易數位化化為可能後的消費新常識。

各公司欲解決的購物壓力

美國推行的「店鋪提貨」

二〇一八年夏天，我又前往美國西岸的洛杉磯、西雅圖、波特蘭，視察當地店家的數位化發展。

我看到的其中一項發展，是有別於線上購物後配送到府的選擇。由於網路上公開了鄰近各分店的庫存狀況，顧客可以在網路上下訂，再前往該分店的專用櫃台領貨，這讓「店鋪提貨」（Store pickup）普及起來。這和英國的點擊提貨相似，不過特徵在於是以各分店擁有的庫存商品為對象。

因國土廣闊，倘若利用宅急便，從網路下單到送到家裡通常得花三到四天，根據情況不同，也有可能花五個工作天以上，這就是美國的宅配現狀。

在大部分的百貨公司，可以選擇宅配倉庫庫存或是在店鋪取貨的下單方式，再不然就是下單購買附近店鋪的庫存之後去取貨。若是下訂店鋪庫存的情況，快的話，在下單兩個

在店內領取網路下單商品

小時後顧客就會收到已經準備完畢的通知信件，只要還在營業時間內，當天就有可能拿得到貨。

事實上，在高級百貨公司諾德斯特龍下單店舖庫存後，約一個小時左右顧客就會收到準備完畢的通知，倘若於當天前往領取，即可在入口附近的專用收貨櫃台架上拿到已經裝進購物袋的商品。

Amazon Go欲解決的結帳壓力

除了時尚與服裝以外，我也來介紹三個美國店家的案例。在交易數位化的時代，這些零售業者為了顧客，努力解決了不得不

Amazon Go 的西雅圖一號店

處理的課題。

第一，是造成火紅話題的Amazon Go。二〇一八年夏天，我訪問了其西雅圖的一號店，那並非如報導所言是間無人便利商店，而是沒有收銀台的店鋪。在我第二次造訪時，共有十名左右的店員正在處理接待顧客、商品補充與製作熟食等工作。

要進入店內，必須下載專門App與登錄信用卡。登錄完畢後，就會生成個人專用的結帳QR code，這即是入場券。在店內，顧客可以自由從架上取放商品，或將商品放入包包內。

天花板上裝有攝影機，會追蹤誰做了何種行動。拿取商品的顧客不用在收銀機前等待，也不必用收銀機結帳，更不用掏出錢包，只要出了出口閘門，沒多久收據就會顯示在App上。閘門外也有內用區，備有微波爐、免洗餐具、紙巾和調味料。

雖然一般的便利商店也可以自由進出、隨意領取商品，但最讓人感受到壓力的環節可說是排隊結帳與金錢交易。Amazon Go不用排收銀台，也不用和結帳人員交貨，更無須拿出錢包，也不必當場付錢，簡直可以說是解決了便利商店購物的最大壓力了。

顧客手機所發揮的店內庫存搜尋機能

第二，是Amazon Books。該店於二〇一八年十二月在全美國開設了十八間店舖。Amazon開設的書店乍看之下和一般書店沒有差別。書籍依照類別分類，要說到與其他書店的不同，那就是Amazon會以評價好的書籍為中心排列，並將所有書的封面朝上放置。

此外，若為熱門書籍，其陳列上會像Amazon網路商城那般擺出相關書籍與列出顧客推薦，讓讀者清楚了解如果喜歡某本書，可能也會喜歡其他哪些書。

各個書籍的旁邊都有簡單的評論，如果想了解更詳細的資訊，可以先下載好Amazon

美國洛杉磯的 Amazon Books　店舖外觀

的購物 App，掃描書本背後的條碼或是書架上的 QR code，即會連結到 Amazon 公司的網站上，得以閱覽詳細的書籍解說與讀者評價。

此外，只要用同個 App 的「商品搜尋」功能掃描書本封面，App 也可以用畫面辨識商品的設計，連結到 Amazon 公司的網站上。

另外，作為實體店面才有的機能，一旦連上店內的 Wifi，顧客在店鋪內就可以搜尋庫存。顧客會去實體書店的理由，就只有想要拿取實物了。只要輸入搜尋書籍的關鍵字，商品資訊就會根據店內庫存狀況進行顯示，換言之，顧客的手機也成為大型書店的庫存搜尋裝置。

再者，和 Amazon Go 相同，顧客只需在 Amazon 的購物 App 上登錄信用卡資訊，並於結帳時出示 QR code 給收銀台，讓其掃描即可。這和今後會在日本發揚光大的「Amazon Pay」為相同機能。

像這樣，Amazon Books 是藉由購物 App 讓顧客的手機成為店內庫存搜尋裝置與收銀機，提供實體店鋪才有的店內庫存資訊，解決結帳時的壓力。

NIKE 實踐的「時短試穿」

第三，是近未來的鞋店 NIKE。我在聖莫尼卡、LA 梅爾羅斯、波特蘭 NIKE 店鋪所體驗到的，是可以藉由智慧型手機 App 搜尋喜歡商品的尺寸庫存與預約試穿系統，但必須先下載 NIKE 的專門 App。

請各位回想一下購買鞋子時的情景。當想要試穿喜歡的鞋子時，你會先從架上把商品取下，詢問附近的店員：「不好意思，有這雙鞋子的尺寸嗎？」有時候店員很忙，你還得等一下。而且，即便你想要試穿自己的尺寸，在店員從倉庫把實物帶來之前，你並不會知

美國波特蘭的 NIKE 店舖外觀

道究竟還有沒有這項商品。

縱使店員說「我會去找尺寸，還請您稍微在店內瀏覽、稍等一下」，你也可能因為很在意到底有沒有想要商品的庫存，以至於沒什麼心情多逛逛。過了一陣子後，如果店員帶著你想要的鞋款回來那倒還好，倘若店員兩手空空，一臉抱歉，那你可就失望了。大家在購買鞋子時，應該都體驗過這樣的巨大壓力吧？

在NIKE的專用App上，顧客可以藉此連接店內的Wifi，用掃描機掃描商品上的條碼，就會出現店內倉庫現有尺寸一覽表。

用 App 搜尋有沒有庫存

出自：作者用下載下來的 App 要求試穿的畫面

只要選擇自己的尺寸，點擊預約按鈕，即會顯現「工作人員已前去拿取，還請在店內瀏覽、稍等一下」的訊息。

消費者的「舒適度」是促進購買的關鍵

過了一陣子後，拿著商品的店員靠近你，向你搭話：「請問是您預約了此項商品嗎？」你在沙發上試穿後決定購買，而這也只要用信用卡結帳即可，無須排收銀台。只需請店員用手機大小的裝置掃描商品的條碼，並出示信用卡刷卡，輸入PIN碼，付款就完成了。「需要收據嗎？」對方問你，倘若不需要，購物流程就結束（購物袋可以在附近的移動式櫃台中拿取）。如果想要收據，只要讓對方掃描你手機上App的QR code，就會以信件寄送給你，這樣一來，購物就完成了。

到目前為止，我已經介紹了美國三間店家最新的數位化案例。便利商店、書店和鞋子專賣店，雖然都是不同的專賣店，但共通點在於數位化的開發者們知道顧客在店內消費時會面臨的壓力，並藉由連動即時庫存系統和顧客手機裡下載的App來解決。

Amazon Go、Amazon Books、NIKE分別讓顧客從便利商店結帳、搜尋店內是否有庫存和結帳、與店員確認是否有尺寸的壓力中解放，提供順暢且舒適的購物。

靠不住的英國與美國宅配

各國不同的交易數位化進程

在網購急速普及之下，依照各國的國情不同，零售業採取的對策自然也不相同。

英國與美國的共通點，在於沒有像日本一樣細緻的宅配服務。就連兩國的最大型宅配業皇家郵政（英國）和UPS（美國），要將貨物送達下單顧客的家中也需花好幾天，缺乏正確性，等送達時已是最後收貨期限，換句話說，這服務是靠不住的。那麼，零售業將宅配任務委託給不知商品何時才能送達顧客手中這樣無責任感的業者，就會失去顧客的信任。

國土狹窄的英國連鎖店選擇活用並投資自家的店鋪網與物流網，早一步將倉庫裡的庫存送到對顧客而言方便的店面。結果，就促成了線上下單、店鋪收貨服務——「點擊提貨」的普及。

美國則是相反，因為國土廣闊，在運送上很花時間，才想要徹底活用顧客附近店鋪的庫存，進行庫存系統的投資，促成了「店鋪提貨」的普及。店鋪裡的庫存資訊會即時更新，無論店內、店外顧客皆能自行確認並購買、預約、取貨、請求送貨等，會配合顧客方便而提供選項。

英國與美國的進化方式雖然不同，但共通點在於投資「機制」，活用網路解決購物壓力，協助顧客盡早且確實、舒適地拿到商品。

配合時代趨勢，思考運送商品給顧客的「機制」，正是「零售業的使命」。

尤其是網路出身的Amazon公司，充分理解顧客在實體店鋪購物時的壓力，先一步在其他擁有店面的零售業者之前，就執行本該最先做的事——建立自己的實體即時店面並找出問題點，可說是讓人相當震撼。

反觀日本的流通業界，會發現大和運輸、佐川急便、日本郵便等宅配十分發達。然而，宅配業者的服務能否追上往後備受期待的網路購物擴張還是個疑問，隨著網路購物的拓展，人們鐵定正追求宅配業界的持續進化，英國和美國應該可以作為參考。

日本全渠道化的難關

近年來，日本人在網站上購物變得普遍起來，根據統計，網購占了約零售販賣的一成。

在時尚領域亦然，網購的營業額每年都以兩位數的速度不斷擴張，與不斷持平或低於前年的店舖營業額相比，網購的成長已經成為勢不可擋的銷售方式。

這代表過去習慣在店舖購買的消費者，也因為在網上購買很方便，會根據不同情況分別選擇店舖購買或網路購買，消費方式因此產生了變化。

隨著智慧型手機與高速通信的普及，Amazon公司不斷提升整體網購的便利性，在日本的時尚領域，ZOZOTOWN則領導著網路消費的流通革新，促進消費者進行網路購物。

本章所介紹的英國點擊提貨與美國店鋪提貨先進案例，則是向習慣在網路上收集資訊、購買商品的顧客，提供除了「網路購物→宅配」以外，還可以在店鋪收貨的選項，進一步提升消費的便利性。

話說回來，顧客能夠順利地分別善用實體店面與網路，往智慧購物的方向前進，這又稱為「全渠道化」，從舊有購物模式到全渠道化的路程，共有以下四個階段。

①單渠道：零售店只在店面販售，網購公司會用目錄或線上方式接受訂單並宅配。

②多渠道：零售店擁有除了店鋪以外的新通路，也就是網購，而網購公司則擁有直營店並販售。在此階段，各個通路還是由不同的事業部門來營運。

③交叉渠道：顧客知道零售店也在做網購，開始分別善用店舖與網購。不過在此階段，零售業所擁有的基礎建設，在商品互補方面尚未統整到能夠符合顧客期待。

④全渠道：店面與網購的資訊同步，顧客從兩方皆能夠取得同樣資訊。提供相同的商品與服務，可以從兩方購買，選擇方便的方法收貨，也能用方便的方式退換貨。

這樣看來，英國與美國早已執行全渠道對策，日本許多企業目前似乎依然處於多渠道或是交叉渠道的階段。

為何日本的時尚流通業界難以推行全渠道化？

要推行怎樣的進化是各個企業的策略，正解不只有一個，而本章所介紹的歐美先進案例，具有以「顧客」為出發點的全渠道化：①可以藉由網路傳達更多資訊給顧客②讓顧客方的想像力膨脹，擁有更多期待③配合這樣的時代變化，為了被顧客選擇，往後也能維持長久的來往④在網路與實體店舖兩方活用數位技術，解決購物壓力⑤建立能夠讓顧客聰明消費的環境。

倘若站在消費者的立場，就很清楚知道大家也會期望同樣的全渠道化。

然而，在現階段的日本，之所以無法像英國與美國那樣順利進行全渠道化，是因為有好幾個困難點。

其一，是商業設施房租絕對不會便宜的銷售佣金制度。若時尚店面租用商業設施，一般來說，商業設施與入租店舖簽署的契約不會是固定房租，而是根據店舖的營業額，徵收一定比率的費用率作為房租。

在這樣的條件之下，若顧客想用「點擊提貨」，也就是到指定店舖收取在網路上下單的商品時，就會產生問題。

由於早已用信用卡結完帳，只是在店舖面交商品，不會計入營業額，這樣可能會造成商業設施這一方提出異議。因為，若把店舖作為收貨場所，就無法徵收這個部分的銷售佣金。

同樣地，對於負責交付商品給顧客的店員來說，倘若不計入營業額，就無法反應到業績上，可能會因為有著做白工之感而心情複雜吧。

其二，是時尚專賣店的網路商城依存度過高。許多品牌都有經營自己的網路商店，也會同時在ZOZOTOWN、Amazon等網路商城展店，委託販售。網路商城，尤其是ZOZOTOWN的販賣力相當強大，許多品牌在上面的網路營業額比率遠高於自家經營的網路商店，因此向網路商城方補充庫存的案例也很多。

各個網路商城公司的販賣手續費也會根據營業額來設定。例如，在有集客力與販售力，從商品拍攝、線上出貨到訂貨、發貨都提供一站式服務的 ZOZOTOWN，販賣手續費會根據不同品牌，扣取百分之二十到四十不等（平均為百分之三十左右）。配送費也會包含在手續費裡面，前提是從 ZOZOTOWN 的倉庫宅配。

假使要像歐美企業那樣配合顧客方便而提供在店鋪也能領收商品的選項，就只能採取和歐美企業相同的策略，品牌得加強自己經營的購物網站，使用從倉庫配送客人下單物品到店面的運送服務，才能讓顧客與企業雙方都受惠。

庫存數據的即時化與可視化

庫存即時更新的必要性

除了前面所述之外，若想要像美國案例這般執行活用店鋪庫存的「店鋪提貨」，就必須即時化（每當計入營業額時，庫存數據就會更新至最新狀態）店鋪庫存與倉庫庫存的數據，讓店鋪員工與顧客能夠看見可販售的庫存，加以運用在販售服務上。

現階段能夠處理庫存即時化的企業太少，不過網路技術日益躍進，成本也變便宜了。往後除了銷售數據以外，可販售庫存數據即時化普及也只是早晚的問題吧。

Column 2

到頭來，庫存統一真的有必要嗎？

消費者得以善用網路消費，而零售業除了舊有的店鋪銷售以外，也在自家的網路商店、ZOZOTOWN、Amazon、樂天等眾多網路商城展店，拓展多渠道化。若向多個網路商城展店，販售機會確實會增加，只是庫存也會分散，產生某處銷售一空，某處卻留下大量庫存的狀態。

明明A商場有庫存，顧客卻前來已經沒庫存的B商場看商品，因而沒能買成，失去完成一筆交易的機會——不樂見此事的零售業希望能事先將所有的庫存集中在一個地方，實踐不論在哪個商場皆能購入的庫存統一。

話雖如此，即便是同樣的商品，各店鋪的庫存、倉庫裡的店鋪補貨用庫存、線上販售用的庫存以及無論如何都希望能優先供應給網路商城的庫存還是會分散開來。

現在，也開始有企業想要投資這種將分散各處的庫存於系統上虛擬整合，實踐在何處皆能販售所有庫存的「庫存統一」系統。這是相當高額的系統投資，應該只有大型企業才能處理，然而到頭來，這種系統上的「庫存統一」真有其必要嗎？

在美國，能夠藉由網路購買的倉庫庫存、各店鋪庫存會各別呈現給顧客看。這樣一來，顧客也能了解想要商品的庫存所在與狀態，判斷要在哪個庫存買、何時感覺買得到等，並基於這些資訊行動。

針對庫存統一系統投資，大家可能會覺得為了顧客好。不過，標明庫存的實際狀態後，讓顧客自行判斷與行動的美國系統，也是一種思考方式。對於無法投資高額系統的企業而言，我認為毫不隱瞞、如時傳達且交給顧客判斷的美式發想是不可或缺的。

對許多顧客而言，與其累積被迫等待的壓力，不如自己動起來去查各店鋪庫存，能夠早一步得手商品還比較舒適。所以，庫存統一絕非唯一的正解。

CHAPTER 3

思考下個流通革新

時尚產業與購物的課題為何？

為何服飾產業很困難

靠創意工夫參與革新

全球性的流通革新兩大潮流，是藉由「進一步低價化」與活用數位網路促成的「全渠道化」（＝智慧消費的普及）。

正如同大家已經了解的那般，前者的「進一步低價格化」，到頭來依舊完全無法敵過將低成本營運作為體制的大資本企業。即便參與了，也會陷入紅海的消耗戰之中。

另一方面，後者的全渠道化智慧消費亦然，或許因為必須投資系統，對大企業是有利的。不過，這樣的系統投資也會隨著科技進步而逐漸降低成本，再加上提供廉價基礎設施的ＩＴ企業登場，我們可以期待有更多事業體能夠受惠。此外，就算是新創公司或個人，透過創意工夫來參與革新的可能性也很高，可以感受到對未來的展望。

接下來我會從兩個全球品牌的例子來思考未來日本流通業的核心——全渠道化能帶來的時短與便利性提升，進而著重在智慧消費的主題上。

過去的流通革新是透過流通的合理化，讓多數消費者得以享受沒能滿足的潛在需求。在討論未來的流通革新之前，我們得重新去理解企業方的商業型態，並整理消費者方的購買心理與消費行動，找出何處還有著待解決的課題。

因應氣溫來對應需求

時尚商品，特別是服飾，為有季節性的商品，消費者會配合氣溫（體感溫度）改變服裝。基本上以季節來分：春季三月初到五月底，夏季五月初到八月底，秋季九月初到十一月底，冬季十一月初到二月底。

然而近年來由於溫室效應加劇，氣溫變動，若要用近來的氣溫重新定義季節，事實上穿著夏裝已經變成四月到九月的這六個月，冬裝為十一月到三月上旬這將近五個月的期間。現在的實際狀況是夏天與冬天這兩個季節，就占了整年十二個月之中的十一個月。

服飾產業的風險

服飾產業的難處，在於會依照季節預測流行，但每當氣溫轉移到下個季節時，無論前一季再怎麼受歡迎的商品，幾乎就不會再被穿到了，因此完全賣不動。

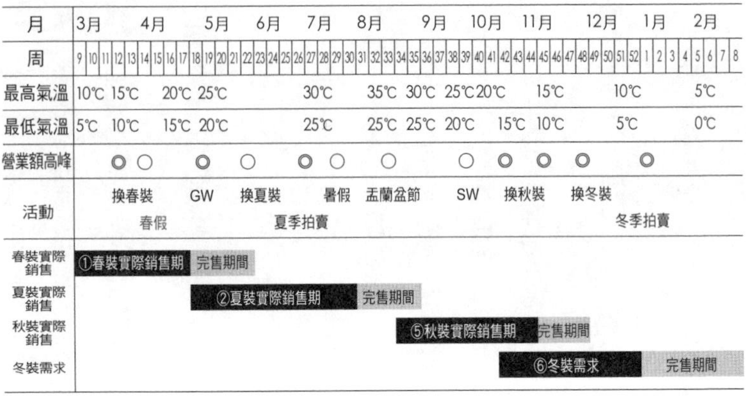

季節變成夏、冬拉長，春、秋極致縮短

圖表 3-1　一整年的季節變遷

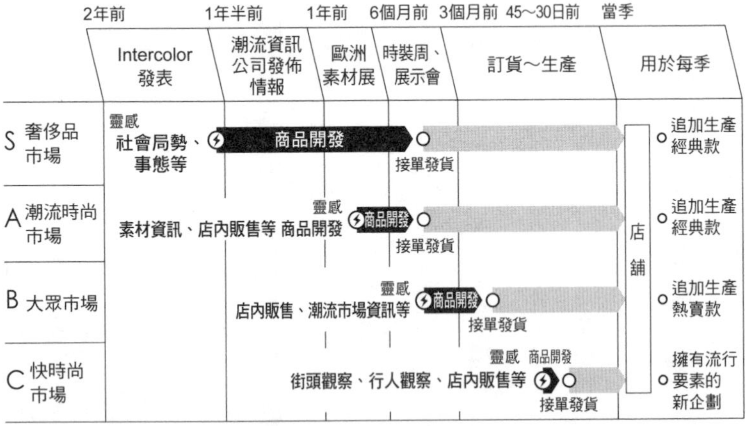

※1 Intercolor…選定全世界流行顏色的機關，全球僅此一間。有法國、義大利、英國等十六國參加。
※2 潮流資訊公司…Promostyl、NellyRodi（皆為法國），網路公司：WGSN（英國）等
※3 歐洲素材展…布料：Première Vision（法）、Milano Unica（義），線：PITTI FILATI（義）、EXPOFIL（法）

圖表 3-2　時尚商品從被企劃到送達店舖

例如，春天流行的長袖商品，到了五月下旬最高氣溫超過二十五度後，縱使之前擁有再高的人氣，也會因為太熱而無法穿，就完全不會有生意。

這並非退流行的問題，氣溫變化才是主因。

如果是在買完一個月後依然會穿好幾次的商品，那消費者可能就會看出商品價值，願意以原價購買。然而，由於之後的穿著期間會變短，所以倘若衣服不便宜，多數顧客就不會選擇購買。畢竟，會因為「明年要穿」而買衣服的消費者，真的僅只有少數而已。

這樣一來，服飾能夠以定價販售的時間，就是在穿著期間結束的一個月前左右。一季一般來說為十三個星期，但實際的定價販賣期間約只有八周。

圖表3－1呈現了這個季節的情況。

時尚商品從企劃到送達店鋪

面對追求每季新服裝的消費需求，時尚企業會花一年到一年半準備各個季節的商品。若將此流程簡單統整，就如同圖表3－2。

基本上，時尚市場分成了①奢侈品市場②潮流時尚市場③大眾市場這三種。

所謂的奢侈品牌，大家就想成會在巴黎、米蘭、倫敦、紐約舉行人稱四大時裝周的時裝秀，並發表「時裝品」的高級品牌即可。接著，所謂的潮流時尚品牌意指雖不像奢侈品那般高價，但也是會在大型百貨店與精品店、服飾店等店家販售流行服飾的品牌。在除此之外的其他通路——連鎖店與網路商店上大量販售商品的稱之為大眾市場。

其中，我們就來說明花費時間最長，從素材到完成品會仔細花約一年半時間準備的奢侈品市場，以及花一年準備的潮流品牌市場流程。

在販售價格上追加企業的風險對沖

於兩年前預測的流行色

各位可知道是從何時左右開始會預測該顏色為今年流行色的嗎？答案其實是在兩年前。

預估兩年後的社會局勢與經濟局勢，在那樣的局勢之中消費者會有何種心情、會追求什麼而展開購物行動？就是以這樣的心理變化為基礎來預測。由包含日本等十六個國家參與的國際組織——國際流行色委員會（Intercolor）來預測，並每年發表兩次。

接收到這些情報後，歐洲的Promostyl（法）、NellyRodi（法）等潮流資訊公司會以流行色為主題，發行人像剪影、風格等與服飾相關的視覺化資料集「潮流書」（Trend Book），這是在一年半以前。近年來，似乎也有許多設計師會在網路上善用以提供資訊之企業為取向的網路資訊服務WGSN（英）。

正好在此時期，奢侈品牌的設計師們為了進行提案，會以「靈感之旅」為名，到全世界的各個地方尋找下一季的設計靈感。

接著，到了一年前，歐洲就會舉辦一年後的素材展。奢侈品牌的設計師們會獨自開發素材，不過大部分的潮流品牌市場設計師，是在兩年前的流行色預測與一年半前的潮流書情報總算具體呈現後，才得以接觸到這些素材，並從那時候開始構思該設計什麼樣的商品。

商品首次亮相會在半年前的時尚周

在那之後，設計師們會改良素材，並以決定採用的素材反覆試做商品樣本，提高商品的完成度。

在每一季開始約半年前會舉行的「歐美四大時裝周」，與各時尚都市舉辦、用來介紹品牌新作的「展示會」上，就會亮相下一季的商品群。

設計師們會向摩肩接踵而來的百貨公司、服裝店、精品店買家及媒體業者聽取意見，並在實際收到訂單後，進入商品的量產階段。

在這個時間點，廣受各家設計師採用，且獲得眾多買家、時尚雜誌編輯所支持的顏色、主題、人物剪影、商品設計、細節（細部設計）等設計上的共通點就被稱為「季節潮流」。

相較之下，大眾市場品牌會認為上一季在店面銷售良好的商品，若在下一季推出改良版也會很暢銷，因此從一季開始的半年前就會進入商品企劃階段。同時，設計師會從奢侈品市場、潮流市場看到的「季節潮流」中，採用大眾市場也會接受的要素，添加新的商品提案。接著，於三到四個月以前進入下一季商品的量產階段。

從兩年前的流行色預測開始，一年半前的潮流預測、一年前的素材選定、半年前的商品提案，到服裝商品擺在店舖裡映入消費者眼簾之前，企劃商品的服裝企業、準備素材的原料與布料等相關廠商、縫製工廠、運送成品的物流與運送公司等許多企業，會在每一季時反覆參與這漫長的供應鏈。

為了僅僅八周的季節定價販售，必須要花一年準備，於四到六個月前預測並備好商品，即是時尚產業的風險。

再者，每一季的熱賣商品都會早早賣完，不受歡迎的商品則留在店內。剩下來的商品會在季末的大拍賣中以大幅降價的方式販售，處理掉庫存。在這些剩餘的商品中，有些明年也可能會熱賣，然而只要是過季商品，價值就會劣於新品，因此必須大幅降價，以一文不值的價格出清。

所以，服裝產業要在一季中極力避免降價、留下許多毛利，以及想辦法高明完售，只要盡可能在一季結束時沒有留下庫存，就能決定損益了。

這就是為什麼服裝產業會被說是進入門檻很低，要開始很容易，但競爭卻很激烈，風險又高，賭博要素很多的產業了。

此外，為了減輕降價與處理庫存的風險，業界自古以來的風險管理方式即是事先確保充分的利益，這樣即使販賣價格降低到一定的程度也能夠忍受，藉以吸收風險。為此，當初的販售價格是企業在評估風險之後拍板定案的，所以負擔這般高價（也就是服飾產業風險的），要說是消費者也不為過。

SPA革新了什麼？

在第一章我們有提到，用流通合理化的方式減輕服裝產業特有的風險，並將價值歸還給顧客即是所謂SPA的商業模式。

SPA拓展直營店，親自企劃商品，配合需求管理供應商連鎖店，藉以進行服裝產業特有的風險管理。相較於舊有的服飾產業會販售設計師或商品企劃者花了一年有計畫性製作的商品，也就是「產品型」，SPA會掌握顧客有需求的物品，嘗試調整生產並製作，又稱為「營銷型」。

SPA會確認每天客人對直營店商品的反應情況。熱賣商品與不熱賣商品的資訊會以每周為單位傳達給社內的商品企劃負責人與設計師，即可立刻探討是否企劃新商品，或是調整生產、追加生產。

相較於零售業以一季為單位，向負責企劃、生產的服飾廠商進貨並販售，以店舖需求為起點的SPA有不少優勢，其一就是擁有價格決定權。SPA的販售價格並非靠廠商的行銷及製作成本來決定，而是以顧客期望的價格設定為基礎來開發商品（適價）。

再者，商品的販售時期也並非配合廠商方便，而是顧客所期望的時間點（適時）。廠商一般會以整年四個季節的循環來製作商品，ＳＰＡ進貨時卻會確保在整年有需要的時期（會根據市場與客群不同，每年大約有八次）都不會有斷庫存的情況。接著，除了時機點以外，ＳＰＡ也會準備必要的量（適量）。

倘若是委託給廠商的舊有商業模式，就會發生每季剛開始時庫存很充沛，但隨著時間經過，熱賣商品的庫存越來越少，造成在顧客的需求高峰期缺乏庫存，而賣剩的商品又要在大拍賣時一口氣降價處理掉。另一方面，若為ＳＰＡ，即可配合需求期製作足夠的商品，也能夠盡早看出不受歡迎的商品，在其完售後轉為進貨熱賣商品，藉由適時的商品替換，保持店鋪的吸引度。

假使能夠在顧客有需求的時期，以顧客願意支付的價格提供想要的人氣商品，就能讓顧客毫不猶豫地購買，甚至也無須降價促銷。此外，如果能盡早看出不受歡迎的商品，在季末也就不會留下庫存了。

即便如此，依舊產生的滯銷品庫存，其真面目究竟是？

我的工作是協助新興時尚專賣店進行庫存最佳化，只要開始和客戶合作，我就能看見一季結束後殘留下來的庫存內容。

在每一季中，一定會有對公司利益有所貢獻的「暢銷品」，當然也有怎麼降價也賣不出去，把這季所賺取利益消滅掉的「滯銷品」。這些滯銷品之所以產生，有好幾個原因：

①無計畫而做太多的商品
②追加訂貨過多的暢銷品
③只留下不暢銷顏色的商品

第一個，是本來心想應該會賣掉導致量做超過，其原因在於訂貨負責人過於仰賴過往的數據，以及想要降低成本而硬是大量訂貨所造成。

第二個，是銷路太好而追加訂貨時發生的情況。在追加品到貨時，早已到了一季的後半段，如果是適量那倒還好，但正因為之前賣得太好，即便剩下的販售期間很短，店舖硬是大量訂貨而剩下過多庫存。

第三個，是商品本身銷路很好，但在三個顏色之中賣得好的只有黑色與灰色，另外一個綠色不太賣，縱使降價，也只有那個顏色留下來的案例。

閱讀到這裡，或許大家已經察覺到了，原因並非商品本身是「滯銷品」，而是根據進貨方式而定——具體來說，倘若為適時、適量，那就會是「暢銷品」。原本確實能賺取利益的暢銷品，卻因為做太多、追加太多、硬是增加不受歡迎顏色的商品導致庫存過多，這就變成「滯銷品」，只能降價處理以求庫存減量。

如此這般，即便是在一季中能夠即時追加進貨與製作商品的SPA型商業模式，若錯估了適時、適量，暢銷品也會變成滯銷品。

靠企業管理澈底實施效率化

分割工程，分散風險

優衣庫、ZARA比其他同業SPA還要優秀的原因，在於親自管理整個供應鏈。他們自行準備服飾生產中比較花時間原料製造，反而能用比較短時間進行染色及組裝工程，將風險切割開來，不但可以迴避成品庫存的風險，同時也能加快在季中追加生產的

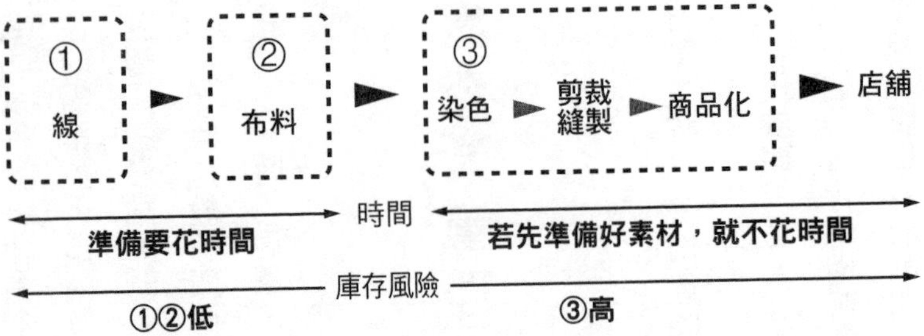

※時尚商品在製作成各個顏色的成品時會發生風險

①② 可轉為其他商品、顏色的染色前素材庫存風險很低，就先盡早準備

③ 配合每季需求染色並製成商品，即可減輕風險

圖表 3-3 時尚商品的風險管理

速度。

圖表3－3將服裝工程簡單圖式化。

若從頭開始做這項工程需要花一年，即便事先做了樣品衣並確認，從量產用的布料下單階段，最短也需要花三個月以上。

換言之，這樣趕不上只有十三周的當季商品，唯有用在下個季節的商品上。

在這項工程中，最花時間的是①把原料編成線②編織絲線，變成布料的工程。這最短也要花兩個月。

另一方面，在商品部分，準備好布料、鈕扣、拉鍊等附屬品後，先預定好在工廠染色、剪裁、縫製的流程，即可在比製作布料還要短的時間，也就是一個月左右製作出成品（雖然還是會視數量而定）。

接著，服裝產業的賣剩庫存風險會在商品化之後產生。具體而言，即是在成為特定設計的顏色、尺寸商品庫存後。

反之，假如是染色前的布料庫存，就可以染成熱賣色或轉製成別的商品，與商品相比，布料階段的庫存風險相當低。我是因為長久以來從事時尚業界庫存相關工作才曉得，商品設計不同導致銷售不均，例如顏色、尺寸——特別是與流行預測不同的顏色，是造成滯銷與過多庫存的主因。

「上色」會造成庫存風險

所謂的時尚商品，會在上色並製成商品時產生風險，而在商品化之前的布料，特別是上色前的布料風險較少。

只要能夠順利調整生產以迴避此事，就會減少消費者買不到想要商品的情況，企業也不需要把可能會留下過多庫存而賣剩的設計與顏色商品降價那麼多，更不會有剩餘的庫存，就能獲得更多的利益。

ＺＡＲＡ與優衣庫這等快時尚連鎖店深諳這個道理，因此會事先確保布料染色有充足的時間。

如果先染了布料，或是一開始就把整季企劃的商品分量全都製作完畢，就會發生商品庫存風險，故在布料染色與商品化工程方面，這些企業採取的是等觀察到顧客在店裡的反應後，才去補足製作必要分量的措施。

此外，ZARA所建立的供應鏈，是以盡量快速製作小貨量為前提。除了能減輕庫存風險以外，也會因為相繼使用同樣素材的新設計商品，增加店鋪中的當季人氣商品與改良品，逐漸改善品項，提高店鋪魅力。

此外，如果製作不太需要降價或造成賣剩庫存的商品，就不必將過多的風險轉嫁到價格上，從一開始即可設定消費者會感受到價值的理想價格。

迴避庫存風險的終極方式是接單生產

既然是在幾個月前預測需求並生產，那不合乎預測，會產生庫存也是理所當然的。想要不留下庫存且不必降價出清的方法，那就是接單生產了。

現在也開始出現在網路預約販賣，因應要求接單生產的企業。

然而，在身為手工業商品的服裝業界，要讓此接單生產符合利益，必須有好幾項前提。若為因應客戶要求特別製作，就必須是一定程度的高單價商品，如果是低價格品，條件則為大量生產。

接單生產大多有些固定程序，今後機械化與自動化會不斷發展，假使能克服必須因應品質穩定與商品、顏色改變而產生的成本課題，就有可能迴避接單生產所帶來的風險。

快時尚的光與影

追求便宜人事費用的產地選擇極限

為傳統時尚產業帶來革新的快時尚也有好幾項課題。

其一，是追求便宜人事費用的產地選擇。其二，是企業的社會責任擴大，接著是流行快速轉變導致穿過即丟的商品問題。

圖表3－4為全世界服飾專賣店企業營業額排名前五名者在過去五年間的利益率變遷。

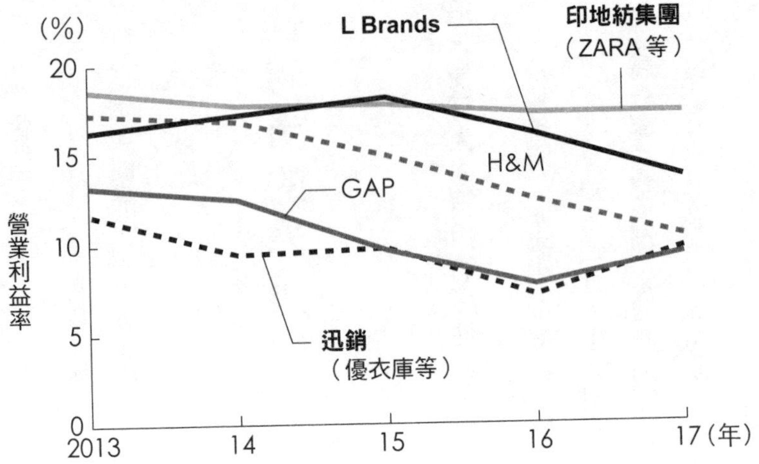

出自：作者利用各公司投資人關係資料製作而成

圖表 3-4 服飾業前五名公司的利益率變遷

可以得知五間公司的利益率都在下降。隨著業務擴大，競爭變得激烈，也就不得不開始做價格競爭。許多企業建立於人事費用低廉的國家，並在有購買力的先進國與經濟成長率高的國家販售，賺取利益。這在資本主義社會是每個業界都相當普遍的情況。

過去許多企業選擇在原料可以從當地調度，人事費用也相對便宜的中國進行生產，隨著中國變為世界第二的經濟大國，人事費用高漲起來後，便轉而往人事費用更為低廉的東南亞及西亞國家生產。

日本的企業也將產地從中國轉往

越南、緬甸、柬埔寨、孟加拉等人事費用低廉的國家。過去占了進口商品百分之九十的中國製商品，現在也削減為百分之七十左右。

然而就算該國的人事費用很便宜，倘若無法調度原物料，那就不得不從第三個國家引進原料。

此外，與因國策投資而機械化的中國等國相比，這些國家還處在仰賴手工作業的階段，在生產上很花時間，並且影響到商品品質。倘若不良品比率很高，在成本上就必須算進這些損失，生產費可能因此跟著提高。

要運送原物料也得花時間，將成品運送到實際販賣處更要花時間與成本。另外，由於服裝有季節性，販售期間很短，所以縱使能夠便宜製作商品，若不合乎預期，產生了大量需要降價出售的庫存，可就賠了夫人又折兵。相反地，就算生產費較高，但若能適時適量準備商品，不必低價出清也不會有庫存，一樣能夠提高營業額與利益。

在歐美日發起快時尚風潮的H&M近年來陷入苦戰，ZARA的印地紡集團卻能穩定成長，是因為兩者在商品調度的思考方式上有決定性差異。H&M追求便宜的人事費用，提高了在東南亞、西亞等地的生產比率，卻因為全世界氣候變遷導致降價的情況增加，累積不少庫存。相較之下，ZARA堅持在成本比亞洲國家高、但離總公司較近的西班牙、葡萄牙、摩洛哥等鄰近國家生產。此外，為因應產地擴大，ZARA也在相對比較好控制的土耳其增加短交期的少量生產，避開了時尚業界特有的風險。

在企業被追究社會責任的時代

追求便宜人事費用，也會讓企業被追究社會責任。追求便宜的背後，是否迫使工廠大幅壓低的人事費用、製造惡劣的勞動環境、促成長時間勞動與兒童勞動等問題？這已經不是把責任推給外包廠商，講句自己毫不知情就可以解決的時代了。

尤其是零售業，由於是以一般消費者為對象的產業，就不能提供讓消費者心情感到不快的商品。二〇一三年孟加拉工廠倒塌造成一千一百名員工死亡的事故，是時尚流通史上不容許再發生的悲慘事件。

這起事故是肇因於，想要以低成本承包歐洲大型連鎖店訂單的工廠廠主以眼前利益為優先，放任有倒塌風險的危險環境不管，同時暗示會不發薪水來威嚇員工，逼迫他們長時間勞動所導致。除了孟加拉以外，在人事費用低廉國家進行生產的許多大型服裝連鎖企業也很重視此事故，沒有置身事外，並開始進一步致力於監督與指導。

身為消費者的我們也必須關心自己所購買的商品是在何種背景下製作的，而提供商品的企業是否有確實負起責任管理？若是不願負責、放任不管的企業就拒絕購買等等，全球化時代，也是消費者要思考購買責任的時代。

快時尚的商品壽命正在縮短

由於便宜、好入手的新商品接二連三被製造出來，消費者自然能夠大量購入。此外，比起耐穿的衣物，快時尚講求以實惠價格提供「現在就想穿」的新商品，所以在品質或耐久性上都沒辦法穿好幾年，頂多穿個一到兩季。所以消費者的衣櫥塞滿了不穿的衣服也是必然的。

這些不穿的衣服如何處理呢？如果是穿舊了、衣服長斑點，可以直接丟棄，但假如是還可以穿卻沒有繼續穿的衣服、曾經很喜歡的衣服、與個人隱私有關的內衣等，不少消費者對於要丟棄是會感到排斥的。

為此，有人會帶到二手店請人收購、請服裝連鎖店業者把不穿的衣服回收或是以舊換新。甚至，在網路市場或二手市場 App 上轉賣的消費者也增加了。關於這些不穿的服裝的再次循環，我會於第五章詳細解說。

消費者所抱持的購物不安

因氣溫而改變的衣物

最會構成消費者購買契機的，是季節轉變時的氣溫變化。縱使冬天異常寒冷，只要到了天天最高氣溫都超過十五度的三月，大家也會想要脫下厚外套，穿上春裝。

冬季特賣結束，到了二月，時尚雜誌開始撰寫春天的時尚潮流。在社群網站上追蹤的媒體、品牌、網紅也談到了春裝的話題，以前曾購買過的店家更是寄來DM與雜誌。當你無意間接收到「天氣逐漸溫暖起來」的消息，同時眼見街上、學校與公司裡到處都是換上春裝的人們，你也終於開始考慮要買新衣了。

開始考慮要買新一季衣服的消費者，首先可能會從通勤圈與生活圈中消費過的品牌、精品店等專賣店看起。此外，這些人可能也會先尋找、篩選出在雜誌與媒體上看到有喜歡風格與商品的店家，並前往該店所在的車站大樓及購物中心消費。現在，只要用網路搜尋即可在品牌網站與網路商城上獲得資訊，大家是否時常會在出門前搜尋品牌、商品與關鍵字，先調查過店家的場所與營業時間後才前往呢？

腦中充滿著下一季的流行服裝想像並與新商品邂逅的時光，對喜歡時尚的人來說是最為歡欣鼓舞的。不僅僅是入手目標商品，與從沒想過的商品邂逅，也是購物的其中一個樂趣。

當購物轉變為壓力的瞬間

購物讓人感到開心，另一方面，消費者對購物覺得麻煩與不安也是事實。

首先，在找到理想商品前必須付出一定的時間與勞力。你認真逛著曾買過好幾次的店、或事先在網路上搜尋所選出來的店家，若有找到中意的商品那倒還好，如果花了這麼多時間，卻沒能找到理想的商品，原本快樂的購物就會令人感到痛苦。

又或是想要悠閒逛街購物，卻一再被店員緊追不捨地推銷。或者是想要問問題卻找不到店員、店員在接待其他客人而必須等很久……當無法依照自己的步調購物時，就會讓人感受到壓力。

之所以會前往店鋪消費，有些人是已經想好要買什麼商品，例如白襯衫（有目的購買）。也有人只是來逛逛，從店家的穿搭提案中找找看有沒有感覺不錯的（衝動購買）。

每當拿起一個個商品，消費者就會思考各式各樣的事情，譬如合不合喜好、材質觸感如何、品質如何。此外，消費者還會想到：「這件的商品和自己衣櫥內的衣服搭配性如何？」也就是所謂的「好用程度」與「百搭程度」。

若是像優衣庫與無印良品會提供「基礎商品群」，除了部分特殊花樣的物品以外，和各種商品搭配都不太會有不協調感。然而，當你想要挑戰新設計與新花樣的服飾時，即便你很喜歡商品本身，如果沒有適合搭配的單品，或許也不會下手購買。

問題是店裡只會放當季的商品，即使店員說「您和這件商品很搭喔」，然而知道自己擁有哪些服飾的人，終究只有自己。若店裡有類似商品，還能夠稍微確認搭配效果如何，否則消費者就只能在腦中想像所有的行頭與穿搭效果，來考慮要不要買了。

消費者最恐懼的「失敗」

消費者在購買時尚商品時，最恐懼的即是「失敗」。也就是說，買了也沒辦法穿，堆在衣櫥中變成肥料的狀態。

其中一種「失敗」是買了喜歡的單品，回到家裡想著要和已經有的哪幾件衣服搭配，卻發現搭配起來不符合想像，根本沒有可以搭的衣服。

也可能是雖然有衣服可搭配，但實際能穿出去的場合與頻率很少。這也是顧客在購買時會考慮的事：能穿的機會很多嗎？是可以在辦公室穿，還是只能休閒時穿？是只能在當季穿的流行品，或是能夠穿好幾年的百搭商品？

其他的「失敗」還包括穿了以後他人的評價並不好，或是跟別人撞衫而感到尷尬的狀況也不少見。

好不容易找到了喜歡的商品，如果沒有自己的尺寸，顧客也會很失望。我認為，這可說是時尚消費中最糟糕的服務不佳案例之一。

找到了自己的尺寸，要試穿也很花時間，尤其假日人潮多時試衣間常要排隊。縱使試穿了覺得喜歡，客人也會在意耐久性與保養方式，能否簡單清洗與保養很重要。若是在維護上要花費很多清潔費用，穿著頻率就會減少。為此，近年來可以在家裡輕鬆清洗的商品變得很受歡迎。

此外，萬一尺寸不合或想要更換成別的顏色等，能否在一定期間內退換貨，也多少會影響到消費者的購買意願。

究竟何時才會是「購買時機」

解決了各式各樣的疑問，終於打算要買時，還有個關卡在眼前等著，那就是「是否現在要購買」。顧客近年常會猶豫現在買究竟划不划算，畢竟除了夏季與冬季的季末特賣以外，能夠買到便宜或划算商品的機會也增加了。

若知道很快就會絕版或斷版的話，顧客當下就會買了。然而，當客人知道店舖和網路上都有足夠的庫存，或許就會在冷靜思考後想說「改天再買吧」、「在網路上購買比較好」。

又或者是，同樣的商品在其他店面——包含網路店面購買會比較便宜嗎？最近有沒有折扣活動或是特賣會？會不會馬上降價？身為消費者，要是知道其他地方賣得比較便宜是會失望的，因此忖度現在購買會不會有損失也是很自然的事。如果知道馬上就會舉行半價特賣會，或是線上購物網站時常發行優惠券等，一旦活動頻繁舉行，消費者自然也就不想按照原價購買了。

要是這類狀況經常發生，顧客就會習慣性地等待降價，要是變成常態，只要沒有打折或發行優惠券，顧客就不會購買，商品的成本結構也會變成必須以打折為前提來賺取利潤。結果，商品品質下降了，消費者感受不到價值，不願意再當回頭客。這就是業界長年以來不斷犯的重大過錯之一。

最後，可能讓顧客感到麻煩的就是結帳，譬如需要排隊、等待包貨、拿出現金或信用卡結帳、把找零與收據放到錢包裡等等。有時東西買很多，但接下來還有行程，提著一堆東西奔波很辛苦……說起來，消費者在享受購物的同時，也面臨了各種不安與麻煩。

不讓「顧客」失敗的ZARA最佳解答

賣場的搭配提案

對於抱持著這些不安的消費者，我們就來介紹幾個ZARA作為自助式販賣型連鎖店，所提出的解決方案吧！

首先，是簡單明瞭的搭配提案。ZARA提供了歐式潮流時尚搭配，其特色在於完全不會故意展現高難度搭配，而是像圖表3－5那樣，針對單色系（黑白）、藍色與米色等相較之下，顏色與設計都比較基礎的衣服款式，提供客人要如何搭配當季流行色或花樣的點子。

每一區都會有明確重點提案的顏色，客人就不會感到迷惘。此外，搭配的樣式中也包含顧客可能擁有的夾克、裙子與褲子等，讓消費者可以簡單確認新商品與自己手頭上衣服的穿搭性如何。

ZARA之所以能在賣場提供簡單明瞭的搭配，關鍵在於該公司的設計間。設計師們在設計間思考服裝企劃並進行設計時，有義務要在一旁的展示間（也就是全球各分店的原型店鋪）中，思考新品如何與現有商品搭配。

縱使業界的許多設計師會先設想好穿搭，但實際情況仍多為在工作檯上設計各種單品，等商品實際到了賣場才依靠店員發揮創意來搭配。唯有從一開始就考量如何搭配店面已有的商品來設計，才能讓店員在陳列時能很輕鬆地想出搭配提案，顧客也可以輕鬆想像穿搭的模樣。

ZARA 的時裝提案乍看之下很華麗，其實都只是為了傳達點子的簡單提案，讓顧客了解自己擁有的基本色服裝要如何加入當年的流行色。藉由店舖的提案，顧客得以輕鬆想像出穿著的畫面，促使顧客購足與回購，便是其賣場特色所在。

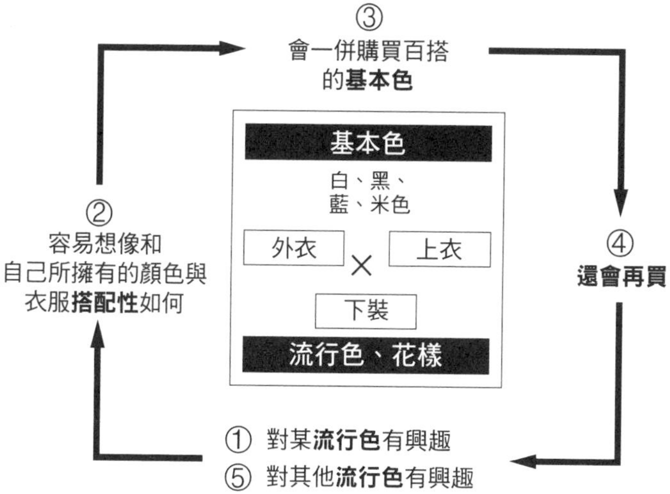

圖表 3-5 ZARA 為了不讓顧客買錯商品的店內搭配提案手法

靠「簡單明瞭」促使當機立斷

接著是價格設定。ZARA會依照女性上衣、裙子等各個品項，設定兩種左右的價格。例如，ZARA BASIC的女性上衣，幾乎價格都是四千九百九十日圓及五千九百九十日圓。顧客就算不用一一確認價格，也能夠想像該商品的售價大概是多少，在選購商品時就沒有必要一直在意價位了。此外，ZARA的方針是除了六月開始的夏季特賣與十二月開始的冬季特賣以外，絕不降價販售，顧客也不會因購買的商品屢次降價而感到有所損失。

再來，店內有許多商品都是會馬上銷售一空的熱門品，各店的進貨量也很少。由於人氣商品馬上會完售，顧客一旦想要，就會立即決定。

最後，是解決尺寸缺貨問題的貼心。ZARA的店面有個習慣，在熱門尺寸缺貨的商品再次進貨之前，會把其他所有的尺寸都先從賣場撤掉。這個行為，正是考慮到別讓顧客好不容易找到想要的商品，卻因為沒有自己的尺寸感到失望，同時也能減少工作人員搜尋尺寸的麻煩。

ZARA的賣場是不以接客為前提的自助式販賣型，因此可以自由試穿。顧客從賣場獲得搭配的靈感，並從對價格的不安中解放，以自己的步調評估是否購入，更沒有缺少尺寸的不安，得以自由試穿，只購買中意的商品回家。

ＺＡＲＡ並沒有解決本章所提到的所有時尚消費壓力，只是站在好不容易來店消費的顧客購買心理思考，努力別讓他們在消費時中斷購買慾望，有許多值得讓眾多時尚專賣店學習的地方。

Column 3

海外推行的購物袋與收據減少對策

最近去超市、便利商店或雜貨店等地購買商品時，店員詢問要不要袋子裝似乎變成了理所當然。有時候還會進一步問是要可自然分解的塑膠袋，還是紙袋？如果需要紙袋，必須花錢購買。

我感覺到在服飾或時尚雜貨店被問這些問題的情況也變多了。其主旨在於，希望顧客能一起參與品牌所認同的環保議題。縱使塑膠袋是用可以回收的材質所做，在回收的過程中還是會排出二氧化碳。

除了購物袋以外，還會有許多類似要不要收據等問題。若不需要，就不會印出收據。其中，也有店家會問如果需要，是否能以電子郵件寄送。我感覺到近年來這類專賣店增加許多。身為顧客，不拿紙本收據，就不用把錢包塞滿，有必要時再檢查郵件即可。以店家來說，這不僅能夠為了環保與減少成本而節約用紙、用墨，更能取得發送電子目錄或雜誌用的顧客郵件信箱。

在交易數位化的時代，減少購物袋及收據，也是一種全球化潮流。

CHAPTER 4

網路所改變的購物常識與殘留課題

線上購物解決的消費煩惱

因應個人方便使購物效率化

近來，Amazon 與 ZOZOTOWN 等網購的營業額之所以不斷上升，正是因為這些企業活用了網路的優勢，解決數項消費者購物時會遇到的困擾。

首先，是縮短了比較價格的時間。如果是網路購物，無須空間上的移動，也能在不同的商店之間往來。只要開啟數個視窗，即可同時比較其他品牌。若為電子商城，就能夠像百貨公司、精品店或購物中心一般，在同一個網站內比較許多品牌的商品。

再來，在同一個網站上，只要靠關鍵字搜索正在尋找的商品，立刻就能夠過濾出來，甚至還能顯示出類似的商品。

接著，是等待時間的縮短。因應不同的情況，在店鋪購物有時會需要等待入店、等待接待、等待試穿、等待結帳，但網路購物並沒有這些等待的時間。

甚至，透過網路，就能夠在網站上過濾出有庫存的商品，因此不會有特地去了店裡，目標商品卻沒有存貨、白跑一趟的情況。縮短時間最大的好處，即是去分解在店面就必須當場購買的一連串流程，得以用其他時間各別去處理，促進購物的效率化。

舉例來說，①收集資訊②前往店面③尋找商品④邊比較邊討論⑤過濾⑥從店鋪或工作人員口中獲得額外資訊⑦試穿⑧決定購買⑨結帳⑩帶回家，以上這十項是購物流程，若為網路購物，只要這段時間商品沒有賣完，那③至⑥的探討過程與⑧決定購買以及⑨結帳就能在各自不同的時間進行。

若是要前往店鋪購買，就必須一面考量個人的生活作息與店面的營業時間，並在這妥協的時間內完成一連串的消費流程。假如用智慧型手機上網，那無論何時何地，都可以進行這些購物流程。

折價券或與其他網站相較後所增加的「實惠感」

其二為成本優勢（也就是金錢上的實惠感）。首先，去店面購物要花交通費與燃油費，網購能夠節省這筆費用。由於網路上可以比較價格，消費者會心想看上眼的商品能否更划算地購買。

基本上，擁有店面的時尚品牌，除了部分品牌的平行輸入品之外，會由品牌方來管理售價，同樣的商品店鋪與電子商城的價位基本上是一樣的（不過，有在做批發的品牌可能不在此限。此外，假使店面沒有趕上變更價格的作業，有時也會看到網路方先調降價格的情況）。

然而，縱使商品價格相同，如果是網路商城，可能會提供消費累積購物點數、折價券優惠等，還有可能實施限時的超低折扣。因此，若不是熱銷品或急迫需要的商品，會有不少消費者打算等到這類活動開始時再購買。

其三為消除壓力，也就是能夠按照自己的步調進行購物。網路購物屬於自助式銷售，因此不會被店員搭話推銷。此外，只要先登記好信用卡等，從第二次購物開始，簡單點擊幾下滑鼠就能完成結帳。消費者還可以使用宅配送到家，因此也沒有大費周章將購買商品搬回家的壓力。

網路購物具有店鋪購物所沒有的好處，這便是一連串的個人化功能，例如將中意的商品標注為有興趣，之後便能反覆查看。考慮要購買同樣商品的人，除此之外還關注了什麼商品？購買了嗎？也有像這種推薦功能，告知消費者本身所沒有注意到的資訊。此外，購買者對商品的評論也能作為參考，這也是網路才有的功能。

網路購物也有弱點。首先，即是無法親手拿到實品。若為時尚商品，無法親手觸摸就掌握不到質感，因為不能試穿，也不知道尺寸到底適不適合自己。

由於網路主要偏向販售單品，顧客就很難想像該如何搭配，就算放上模特兒的穿搭圖，消費者還是無法跟自己的容貌或手邊擁有的衣物配合，也沒辦法像在店面試穿那樣，與店員或是自己所選的其他商品多層穿搭。

再來是從下訂到收貨所要花費的時間。假如是可以悠閒等待的商品倒還好，但可不適合這一兩天急著需要的情況，在家裡等宅配到貨的時間亦是壓力所在。由於在到達一定的購買金額後運費大多會有所折扣，消費者可能會因此添購不需要的商品來湊數。應該要果斷把負擔運費認定為縮短時間及卸除壓力的代價才對。

Amazon 所刷新的新常識

說到網路購物所引發的流通革新，首先，我想必須從 Amazon 的功績開始談起。很多書籍與媒體都談論過 Amazon，但我想要統整該公司對時尚流通革新所帶來的影響。

Amazon 創業於一九九四年。過去曾為紐約對沖基金幹部的傑夫・貝佐斯為了藉由網路的潛力改變全世界的消費環境，因而獨立創業。

Amazon 公司的名稱由來是為了打造前所未有的世界，既是異國風情的回響，也是世界上最大的河川名稱，貫徹創立全世界最大網路商店的願景，更因為從A開頭，在按照字母搜尋時，即可顯示於最前面。

當時，Amazon 制定了能夠在網路上販賣的商品清單，鎖定CD、錄影帶、電腦硬體與軟體、書籍，並選擇了其中相對低單價的書籍，於一九九五年七月開始經營。

該公司以「地球上最重視顧客的企業」為己任，願景是搜尋、發現顧客在網路上所求的一切商品，並盡可能以低價提供。在理解了該公司的流通革新之後，我認為他們網站上所發佈的「我們的DNA」與「我們的領導力準則」相當值得參考，其中我特別注意的，是「我們的領導力準則」十四項行動規範中的其中兩項：

一、顧客至上

領導者必須以顧客為出發點來思考與採取行動，盡全力獲得顧客信賴並維持下去。雖然領導者會關注競爭對手，但最重要的，是必須堅持以顧客為中心來思考。

三、創新簡化

領導者必須要求團隊創新與創造，並經常追求簡單的方法。領導者必須注意情勢的變化，從各處尋找新的創意。這不僅限於我們所創造出來的事物，在我們執行新的點子後，即便被外界長期誤解也要去接受。

被非常識所更迭的常識

根據這兩點行動規範，我們可以知道，為了顧客、為了興起流通革新，Amazon 會讓全體員工有所覺悟——要破壞過去業界與流通的常識，即便被誤解為「脫離常識」、被敵視也不要害怕。

Amazon 於一九九七年五月在美國的那斯達克掛牌上市，一九九八年開始發售音樂 CD。一九九九年，該公司取得一鍵下單的專利，二〇〇七年發售電子書 Kindle 等等，接連推出以顧客為出發點的全新服務，靠著「打破常規」不斷更新著世人的認知。

其打入日本是在二〇〇〇年十一月，二〇〇一年以後也將經營商品擴大至「音樂」、「DVD」、「錄影帶」、「遊戲」、「電子產品」、「居家&廚房」等。接著，又於二〇〇二年十一月開設分店型（註：各企業在商場展店，以一企業一間店鋪的模式經營）的「AmazonMarketplace」，Amazon 仰賴直售型（註：營運網路商城的企業本身為網路經營者的模式）與分店型這兩種類型的生意，持續急速成長。

在此我想介紹一九九七年五月貝佐斯在 Amazon 公司上市後，於第一場決算發表上寫給股東的信的其中一節。

其上市後的第一次決算期就獲得一百五十萬名顧客買單，年銷售額換算成日幣為一百六十七億日圓，與前年相比超過八倍，而此信就是在得知這決算後公佈的。書信開頭寫的是至今全世界的 Amazon 員工依然非常珍視的名言：

對網際網路與 Amazon 而言，革新才剛開始。

今天，網路購物節省了顧客的金錢與寶貴的時間，而明天，我們將透過個人化，進一步加快（最佳化）顧客的發現過程。

接著，貝佐斯先生對股東如此宣言。他闡述，比起眼前的利益，會以顧客的立場進行投資。從投資的成功與失敗中學習，目標是用長期觀點來獲得市占率。由此我們可學到的是，要以不惜失敗的大膽投資為優先，為了募集優秀的人才而積極善用員工認股權。

換言之，貝佐斯先生從二十年前的初次決算發表開始，就斬釘截鐵地對股東表示，由於不追求短期利益，希望大家暫時不要期待分紅，賺到的現金會為了未來而投資。

之後，正如大家所知，該公司在美歐日零售市場擴大了市占率。最近該公司才因為AWS的高收益（該公司的銷售份額為百分之十一點四，營業利益份額為百分之五十九點三）與美國事業利益開市呈現盈餘，不過包括日本郵購事業在內的海外事業等，都因先行投資而持續大幅虧損。儘管此事扯了企業的後腿，削弱整體利益，但股票實價總額仍因為對公司的革新性與獲得市占率後的利益抱持期待，而呈現直線上升。

Amazon 改變了消費的什麼？

Amaozn所實現的，是本章前半段我所統整的網路消費三加一革新，即是縮短時間、節約成本、消除壓力、資訊個人化的一切。

此外，在我針對網路購物弱點所舉例的幾個項目之中，Amaozn早已採用了名為Amazon Prime的付費會員服務，將從下單到入手的時間以及運費問題控制在最低程度。

至今為止，能夠快速配送是仰賴提供無微不至服務的日本宅配業者的機動力才得以實現，而今後為了讓美國能夠如此，Amazon也在考慮投資獨立的物流網來配送。

Amazon靠網路購物，將具備豐富品項、提供最便宜的價格且迅速配送為理所當然，成為了消費的新常態。

Amazon Japan 於二〇一四年開始做大型的廣告宣傳，表示將投入目前尚不充足但市場規模龐大的時尚領域，並以「Amazon Fashion」冠名成為東京時尚周的贊助商等。二〇一八年，該公司設立了巨大的攝影棚，開始挑戰讓在時尚產業中顯得較枯燥乏味的攝影工作變得更加亮麗。

此外，針對網路購物試穿問題，Amazon Japan 認為應該採用顧客可於購買前在家中免費試穿所選商品，亦能自由退貨的 Prime 會員限定服務「Amazon Prime Wardrobe」來解決，我認為，這項服務往後鐵定會對服飾業界帶來巨大的影響。

ZOZOTOWN實踐的流通革新

以獨自的尺寸基準，助長顧客「更容易理解」

接著，我們就來看看在日本的時尚網路購物中以絕對的知名度與市占率為傲，身為日本最具規模時尚郵購網站的 ZOZOTOWN，帶來了什麼樣的流通革新吧。

一九九八年，創辦人前澤友作先生創立了 ZOZO 的前身「Start Today」，以進口 CD、唱片等郵購販售為主。二〇〇〇年，前澤先生得知自己喜歡的牛仔褲品牌沒有在做網路販售後，深感服飾業在網路販售是未開發之地，便開始經營販賣裏原宿系等街頭品牌的網路精品店「EPROZE」。

喜歡時尚的員工們會到處說服店家，好拓展網站上販售的品牌，專攻不同服飾風格的網路精品店因而擴增為十七個網站。之後，前澤先生心想若能在同一個網站上購買各種不同品牌的衣服對消費者來說要便利得多，故於二〇一四年將所有網站統合為一個 ZOZOTOWN。在經營理念「讓全世界變得更帥氣，向全世界展露微笑」之下，員工為了招攬受歡迎品牌而到處奔走。

ZOZOTOWN 在變革中有過好幾次成長的轉機，最初的突破是在二〇〇五年，也就是知名度高且大受歡迎的大型精品店 UNITED ARROWS 與 BEAMS 在平台上展店。在那之後，也陸續加入不少時髦精品店體系的品牌，由於在一個平台上就能購買眾多精品，因而相當受到顧客歡迎。

二〇〇七年十二月，ZOZOTOWN 成功於東京證券交易所 Mothers 上市，短暫以高人氣精品店品牌為中心拓展業績。正好在此時，大型精品店也因從二〇〇〇年前半開始在LUMINE等車站大樓與OUTLET商場展店，業績向上提升的狀況告一段落。若作為接下來的成長通路，能夠搭上網路商城這波擴大業績的嶄新機會，那麼大家的利益就相當一致。

當初還半信半疑在網路上究竟可以賣出多少時裝的各公司，也了解到這能實際讓業績爆炸性提升。隨著各企業的理解而漸漸協助充實ZOZOTOWN的販賣用庫存，也是業績擴大的一大要因。

我非常佩服ZOZOTOWN雖然引進很多品牌，不過當各公司的商品進貨至倉庫時，會特別測量每個商品的尺寸，並套用ZOZOTOWN獨有的尺寸基準，努力以簡單明瞭的方式讓顧客了解尺寸。

在網路上購物，我想對消費者來說最不安的是無法試穿，因此無法得知尺寸合不合身。

一般而言，服裝品牌都有自家獨有的尺寸。為此，會發生消費者穿某品牌的M尺寸剛剛好，但在別的品牌就得穿L尺寸。

為了因應無法確認現場尺寸的網路消費，該公司以獨有的尺寸為基準。此外，穿衣的模特兒也有各種不同的身高與體型，更會特別標示出來。這等模特兒的身高標示，也已成為現今眾多時尚網站的經營常識了。

用 ZOZOSUIT 穿著「恰到好處」的衣服

另一個轉機，是二〇一五年起企圖擴大年輕顧客而打出低價品牌的戰略。為了讓早已展店完成，且以青少年為取向的低價品牌升級為全球品牌，ZOZOTOWN 將網站上的銷售排行榜演算法，從銷售額變更為銷售數量，因此，WEGO 與 Tutuanna 這種相對低價的品牌便占據了銷售榜的上位。從此時期開始，過去以商品售價超過五千日圓之品牌為主力的 ZOZOTOWN 便積極招攬價格約在二千五百日元左右的品牌。

另一方面，針對過去著重的中價位與高價位品牌，該公司從同年起也推出新的行銷策略，開始發行期間限定、針對特定品牌的優惠折價券，提高購買率。

這一連串的對策雖然使購買的平均單價下降，卻增加了購買客數與販賣數量，業績大幅上升。

在二〇一八年六月底，ZOZOTOWN 擁有一千一百間以上的店鋪，販售超過六千八百種品牌，經常刊登超過六十五萬件商品數，每日平均上架三千一百件以上的新進商品。

接下來的第三次轉機，是二〇一七年後所致力的私人品牌「ZOZO」。這是一種嘗試，會免費發放名為ZOZOSUITS的身體測量緊身衣，顧客穿上後只要用智慧型手機測量自己的體型與各部位尺寸，即可按照需求訂製恰到好處的T恤、牛仔褲、襯衫、西裝。

這個緊身衣所測量的尺寸，亦有助於了解ZOZOTOWN上所販售之各品牌中適合自己的尺寸為何。再者，未來ZOZOTOWN也有可能將各品牌的消費者尺寸作為統計數據，向各品牌建議客人所滿意的尺寸，促進依尺寸分類庫存的方式。

之所以會提出ZOZOSUITS的概念，據說是因為身材瘦小的前澤先生很難在各個販售品牌中找到適合自己尺寸。在無法試穿的網路消費中，打造不試穿也能買到符合自己衣服的世界，是從前澤先生的親身經驗與未來願景中誕生出來的流通革新。該公司的中長期策略中，也有提到「將解決全世界七十億人的時尚領域共通課題——『尺寸問題』，發起時尚革命」。

靠「ZOZO」起始的個人化挑戰

看了ZOZOTOWN至今為止的變遷後，我認為時尚流通業界中實體店鋪所經歷過的流通革新變遷與業績擴大的勝利模式，也已經蔓延至網路上。

首先，是以成為網路上的「百貨公司」為目標，ZOZOTOWN透過引進精品系的品牌，達成擁有「豐富的品項」。之後，一面維持這些中價位與高價位品牌，一面募集像「專門量販店」這種低價位的品牌，進一步完成「低價化、大眾化」。從高價位到低價位，可以在一個平台上購買六千八百種以上品牌的網路商城僅此一間，因此也能夠理解為何ZOZOTOWN會與時尚網路購物商城業界的第二名，有著十倍以上的業績差異，遙遙領先。

接著，ZOZOTOWN開始利用SPA的模式，開發、販售基礎商品的個人品牌「ZOZO」。這與優衣庫等過去拓展多間實體店鋪的連鎖企業，透過既有流通合理化與大量生產而實踐的流通革新完全不同，而是將目光放在適合未來時代的方法上。

這是在摸索「配合顧客體型而製作衣服」這種近似於「回應需求」的生產方式，也是針對網路消費時代的關鍵字——「個人化」的挑戰。雖然現在還處於剛開始嘗試的階段，不過業界與消費者都在關注這個挑戰的動向。

若細數過去的流通革新變遷，會發現在基礎商品的自有品牌上了軌道之際，接著便是邁向低價潮流時尚之路。之前所介紹過的英國網路時尚商城前輩ASOS，早已進入了這個階段。

破壞業界價格設定的「ZOZO ARIGATO」衝擊

ZOZOTOWN不只致力於網路上的流通革新，也一心一意地追求擴大營業額。於二〇一八年十二月展開的新促銷措施「ZOZO ARIGATO」，是繼過去以品牌為單位的折價券優惠後，所發起的擴大業績新對策。

此促銷方案看似僅是提供贈送全面優惠的選項，實際上卻反映出「優惠可以促進業績」的現象。會員只要支付一定金額（月費五百日圓或年費三千日圓）的會費，新會員當月就會有七折的優惠，之後也能經常性地以九折的優惠購買所有商品，而百分之十的折扣金由ZOZO全額負擔，顧客可以選擇把折扣金贈送給日本紅十字會等公益團體、支持購買的品牌或是自己收下。

此方案對雙方都有益處。對客人來說，所繳的會費跟獲得的折扣相比並算不多，可說是非常划算的選擇。對ZOZO而言，雖然要負擔折扣費，但只要顧客的定額會費收入與業績擴大部分的販賣手續費能夠提升，就有可能回收。

對合作品牌來講，不需要負擔百分之十的折扣即可提升業績，也算是一大益處。然而壞處在於，若變成常態性九折，ZOZO就會成為最低價的購買處，一定會對這些以不打折為原則的品牌店舖和其自家經營的網路商店造成衝擊，更別說ZOZO以外的網路商城也會受到影響。筆者在二〇一九年一月時看了ZOZO網站，發現網站上已清楚標示只要成為會員，每樣商品立即現打九折，洋溢著折扣網站氛圍。

據說這項方案是在冬季折扣活動期的前兩周才告知合作品牌，而選項只有「參加或是退出」，二〇一九年一月時（還在冬季折扣期間），多數的品牌選擇靜觀其變。然而，對OUTLET等店面經營相當謹慎的服裝大廠ONWARD KASHIYAMA集團表示「會迅速退出」，讓此事成為新聞，據說也有品牌因此暫停推出二〇一九年的春夏新品。開始收到各品牌抱怨的ZOZO也表示會考慮改變的方案內容。

大眾都很關注正在靜觀其變的品牌會如何應對。現今，時尚市場中採取限時降價、折價券、點數回饋形式的優惠橫行，很多時候就連新商品也變成常態折扣，對於品牌價格的信賴感應該造成了不小的衝擊。我們不由得從這種銷售對策上感受到ZOZOTOWN對成長有多麼執著，以及如何維持品牌成長的焦慮感。（註：此項服務已於二〇一九年五月底結束。）

Mercari為時尚消費帶來的嶄新價值觀

已經占了日本服裝零售市場規模的百分之一點五

當站在網路流通革新的觀點來看時，我想要談論的並非販售新品的一次流通，而是能帶來嶄新時尚購物影響的「二次流通」消費平台，也就是二手市場App——「Mercari」。

「Mercari」是Mercari公司於二〇一三年七月開始提供的服務，即是可以讓消費者輕鬆買賣不需要商品的最大型智慧手機用二手市場App。

五年後的二〇一八年六月底，日本有七千五百萬次下載（美國為三千九百萬次下載），同年四到六月的這一季度裡，「一個多月會使用超過一次」的日本用戶數量為一千零七十萬人，粗略總計，即每十位日本人中就有一人正在使用。

在日本使用Mercari的買賣實績（＝流通總額）高達一年三千三百八十億日圓（二〇一八年六月期）。經濟產業省所發佈的二〇一七年二手市場（汽車、摩托車除外）為二點一兆日圓，網路部分為八千四百零四億日圓，其中二手市場App占百分之五十七（四千八百三十五億日圓），Mercari又占了其中大約七成。

根據該公司公開說明書上的類別業績構成比來看，有百分之二十六為女性時尚，百分之十六為男性時尚，流通總額合計為百分之四十二，也就是一千四百二十億日圓，占了日本服飾零售市場規模的百分之一點五。圖表4－1為日本服飾零售業的銷售額排行榜，若以流通總額等級來看，ZOZOTOWN為繼第一名優衣庫與第二名SIMAMURA之後的第三名，Mercari緊接著第五名青山商事，相當於第六名的位置。雖說是二次流通領域，我依舊對於該公司才創業五年就對服飾零售市場帶來如此大的衝擊，並對顧客的購買行動開始造成影響一事感到驚訝。

根據Mercari公關部門所述，二十到三十多歲的女性用戶占了百分之四十，除了女性時尚以外，也針對美妝品與嬰幼兒用品（包含服裝）進行交易。

該公司以「打造產生新價值的世界性電商平台」為己任，是二〇一三年由山田進太郎先生所創立的創投企業。

山田先生把之前所創立的社群遊戲公司「Unou」賣給美國企業後，開始考慮新的創業，但想到創業後就無法從事最喜愛的海外旅行，便花了大約一年時間遊歷新興國家與發展中國家。歸國後，山田先生對所去國家的貧富差距與日本智慧型手機極速普及的落差感

順位	企業名稱	決算期	營業額（億日圓）
1 位	優衣庫股份有限公司	2018 年 8 月	8,647
2 位	SHIMAMURA 股份有限公司	2018 年 2 月	5,585
3 位	GU 股份有限公司	2018 年 3 月	2,118
4 位	得榮股份有限公司	2018 年 2 月	2,002
5 位	青山商事股份有限公司	2018 年 8 月	1,888
6 位	西松屋股份有限公司	2018 年 2 月	1,373
7 位	UNITED ARROWS 股份有限公司	2018 年 3 月	1,283
8 位	PAL GROUP Holdings 股份有限公司	2018 年 2 月	1,231
9 位	AOKI Holdings 股份有限公司	2018 年 3 月	1,184
10 位	Stripe International 股份有限公司	2018 年 1 月	919

← ZOZOTOWN 事業的商品營業額為 2629 億日圓 2018 年 3 月

← Mercari 時尚類別流通額為 1420 億日圓 2018 年 6 月

※ 只有時尚產業

出自：作者透過各公司投資人關係統計母公司本身或時尚產業部分資料

圖表 4-1 日本服飾零售業銷售排行與 ZOZOTOWN、Mercari 的流通規模

到相當震驚。

自那之後，他希望在將來能夠透過智慧型手機將全世界的每個人緊密連結，並轉移價值。他欲結合持有資產的提供者與看出其資產價值的購買者，透過提供簡單、有趣且安全的平台，以創造新商品、服務價值與重新定義消費循環為目標，開發了 Mercari。

輕鬆感與安心感是革新的關鍵

Mercari 的革新，其一是輕鬆感與安心感。能夠用網路將智慧型手機拍攝的商品分享給朋友並上架的輕鬆感，以及澈底排除品牌廠商的介入，讓使用者可以信任賣家與買家的評價。其二，由於商品款項的結帳是由 Mercari 居中處理，故商品的買方與賣方皆能安心進行交易。甚至，Mercari 還準備了輕鬆便宜的配送方案，這也是促使 Mercari 普及的要因吧。

當初 Mercari 是想盡可能輕鬆地幫助個人進行買賣，沒想到用戶們比預期中還要更加聰明地活用 Mercari。

首先，考慮購買新品的用戶一開始會為了了解該商品的行情而在 Mercari 上搜尋。由於沒有使用過的近全新二手商品也不在少數，用戶就會先確認 Mercari 上是否有便宜出售

MERGUINNESS

最多人交易的品牌 TOP10

★ 最多人買的品牌

1. 優衣庫
2. NIKE
3. 愛迪達
4. 香奈兒
5. 拉夫·勞倫馬球
6. 蘋果
7. mikihouse
8. babyGap
9. 迪士尼
10. GU

★ 最為熱銷的品牌

1. NIKE
2. 優衣庫
3. 愛迪達
4. 香奈兒
5. 拉夫·勞倫馬球
6. babyGap
7. LV
8. 迪士尼
9. GU
10. COACH

出自：「Mercari 上最多人上架的品牌清單」回顧五年歷史，「用數字看 Mercari」（2018.7.2 新聞稿）

圖表 4-2　Mercari 上最多人交易的品牌排行

的商品。

接著，為了給打算上架出售的二手物品標定價格，用戶也會因為想知道同樣的商品大約賣多少錢而進行查詢。

甚至，在一般店舖購買新品的人，亦會想先了解如果哪天不需要想脫手時可以賣多少錢而進行查詢。

為此，由該公司與外部研究機構的調查得知，在購買新品時，不以便宜為目標，而是以「之後能高價售出不用商品」為標準的人正不斷增加。

另一方面，隨著「Mercari」這種能夠輕鬆脫手的管道出現，也促成了「就算不滿意，在 Mercari 出售就好了」這般輕率的購買行為。

極為有趣的是，在 Mercari 賣最好的品牌，是日本流通量最多的優衣庫。

此數據所代表的意義，是在社會上普及、好理解且容易傳達價值的物品就能輕鬆地上架與販售。

Mercari 透過網路將顧客內心的潛在價值觀可視化，產生嶄新購買行動的這一點，應該對時尚新品市場帶來不小的影響吧。

無法停止革新的網路消費

在此，我想來探討網路消費尚無法解決的消費課題。

其一是試穿。網路可以輕鬆購買，另一方面，卻無法觸及實物。畢竟是穿在身上的東西，就會想確認接觸肌膚的素材感。就連面對鏡子，在自己身上比一比即可判斷出與自己臉型或體型搭配性如何都不得而知。

如果不試穿，就無法確認穿不穿得下？會太緊或太鬆嗎？長度太長還是太短？就算穿得下，衣服又真的適合自己嗎？

如果是 free size 或只有M號與L號兩種尺寸的襯衫、毛衣類商品，或許還可以想像出

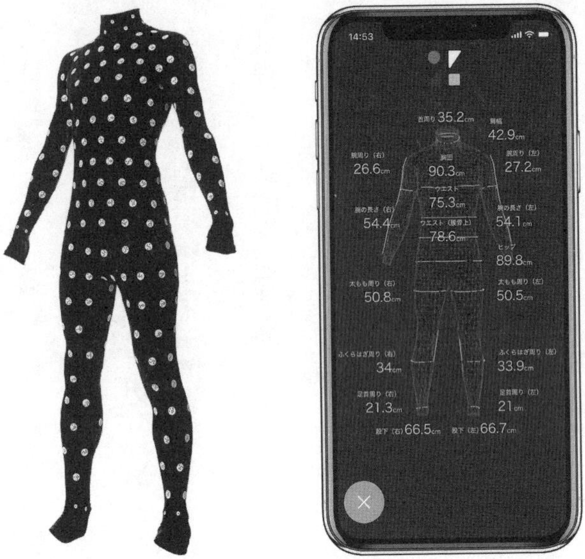

ZOZOSUIT 與測量 App

出自：ZOZO 提供

尺寸感，不過像牛仔褲等外褲、鞋子、女性內衣類等，尺寸不合就是致命傷了。如果曾在店面確認過實際商品穿起來如何，在網路上購買則沒什麼問題，若非如此，購物風險就很高，縱使可以退貨，購買之前會猶豫是很正常的。

為了解決無法試穿而造成的「購物失敗」與退貨問題，我想介紹 ZOZOTOWN 與 Amazon 正在嘗試的措施，並探討這些措施是否會與今後的流通革新有所關聯。

邁向衣服配合穿著者的時代

之前曾提到，ZOZOTOWN

開發了名為「ZOZOSUIT」的機制，會在測量每位顧客的體型後，從眾多商品中篩選和推薦感覺會適合顧客的商品。或是從大量版型中選擇可能對顧客而言尺寸剛好的商品，並因應需求製作、配送，這些都會搭配身形測量用緊身衣與智慧型手機App來進行。

顧客穿上送到家中這件從頭包覆到腳的緊身衣後，再根據指示於智慧手機前三百六十度旋轉拍照，App透過讀取緊身衣上的標記點，就能針對身型進行非常細部的測量。

ZOZOTOWN強調「並非穿著者要配合衣服，而是邁向衣服配合穿著者的時代」，這是非常創新的概念，對以量產或顧客配合既有尺寸為前提的服飾生產業者來說，雖然感受到其必要性，但肯定是難以處理的課題。

由於每個人對尺寸的感受不同，即便是測量顧客正確尺寸所製作出來的合身衣服，對當事人來說，這是否等同於穿起來舒適的衣服、合適的衣服或看起來帥氣的衣服，依舊為兩碼子事。

ZOZOSUIT所提出的課題相當創新，不過挑戰才剛開始。在ZOZO於二〇一八年十月三十一日所舉行的二〇一九季度決算發表上，前澤先生針對自家公司的挑戰，表示將來會重新審視ZOZOSUIT機制是否為最好的方法。然而，不用一件一件試穿也能夠選出最適合的穿衣感受，正是顧客和網路購物所追求的機制。期待往後，該公司會使用最新科技，不斷嘗試錯誤，找到最好的方法。

顧客的自家變成試衣間

另一方面，Amazon 公司針對試穿問題，已經展開了名為「Amazon Prime Wardrobe」的服務。客戶試穿了在購買前送到家裡的商品後，只留下中意的商品，其他要退貨或不買的商品就不必下單，無論送貨退貨都免費。美國已於二〇一七年先行實施，日本則在二〇一八年十月正式展開服務。

這項服務是 Prime 會員限定的，需要支付月費或年會費。

首先，顧客每次可以從 Amazon 時尚網站上有標註「Prime Wardrobe」的商品中，選擇有興趣購買的三到八項商品。商品會於一到三天內送達，從隔天開始七天內皆可試穿、考慮。在第七天之前，決定要不要買，並於下單頁面上標註。

只要把不買的商品裝到一開始送來的箱子裡封好寄回去，就不會被要求支付沒有購買的商品貨款。在退貨商品送達 Amazon 的中心之後，即可申請下一批試穿。

聽聞這項服務在美國展開時，我認為這是非常 Amazon 風格的措施。退貨當然會耗費成本，在倉庫方面處理退貨也需要勞力。早一步採用同樣服務的 LOCONDO 雖然努力降低退貨率，但直到最近，還是有百分之二十六的商品被退貨。幾乎所有的業主聽到這退貨率，都會感到猶豫不決吧？Amazon 給人一種印象，就是對此早有所覺悟，為了想要獲得往後拓展服裝部門市占率的機會，以及降低顧客購買的門檻，還是希望能打出現階段自己所能想出、且其他公司難以輕鬆模仿的最佳策略。這也可以說是 Amazon 為了擴大服飾業績的王牌。

只要看了 Amazon 的網站，就會發現現階段的對應商品為女性時尚六萬種、男性時尚五萬種左右。由於顧客的選擇幅度有限，應該不會馬上對業界產生衝擊，不過等到之後選擇幅度充足時，我想就會構成真正的威脅。

此外，不知道 Amazon 有沒有設想到這個部分——在顧客使用這項服務反覆進行試穿、退貨的過程中，便能夠知道自己喜歡的品牌與最適合的尺寸，而 Amazon 也會累積這個數據。假設 Amazon 以此數據為基礎，提高對顧客個人化建議的精準度，顧客在 Amazon 購買的頻率也逐漸提高，Amazon 自身亦可以削減退貨相關經費，進而提高中長期的利益。

這邊介紹了 ZOZOTOWN 嘗試在取得顧客正確的體型尺寸後提案，Amazon 則是認為「縱使並非正確的尺寸，只要能確認顧客滿意的尺寸即可」。至於哪種方式較能得到顧客的支持，或是在不同品項之下哪種方式才是最合適的，我想總有一天會得出解答吧？

靠搭配讓顧客買單的時尚

網路消費的第二項弱點即是搭配問題。想購買的究竟是什麼樣物品？如果消費者在網購「本來就有使用的商品」、「容易想像的商品」以及「消耗品」等重複使用率高的商品時，有辦法節省時間與金錢，鐵定既方便又能減輕壓力。

Amazon 即將實踐?!「無點擊」消費

在回購方面，Amazon 所開發的Amazon Dash Button（針對特定商品，光按下按鈕即可再次購買的工具）與善用不必按按鈕，只需用聲音下訂商品就會送達的ＡＩ技術 Amazon Echo 即是相當劃時代的想法，也很有幫助。

二〇一八年夏天我在美國視察時，有許多美國人談論著 Amazon 不久後「將會實踐無點擊購物，而非一鍵購物」，讓我印象深刻。假設顧客平常會在 Amazon 上數度購買同樣的商品，所謂的「無點擊」，意指 Amazon 分析出購買周期後，便會預測下一次必須購買的時間點，明明顧客沒有下訂，卻體貼地寄送商品的服務。商品送達時如果顧客不在家或不需要，業者則會將商品帶回。

這聽起來好像太不切實際，但我想，若是Amazon，鐵定會讓人覺得他們會去挑戰這項服務。假使實踐了這項服務，顧客就會把大多數定期購買的商品交給Amazon負責，而不會在其他地方購買，我想各位讀者的生活中應該也有很多這類商品才對。

至於服飾方面，或許在將來，像內衣與襪子這種消耗品有可能成為統一委託Amazon定期配送的商品。眾所矚目的服裝時尚還是會在搭配後才進行消費，至少外衣、上衣、下裝、鞋子、包包這五樣配件，是外出時必備的組合。配合出門的目的地與會面對象而調整這五樣，即是穿搭的行為。

往後會是網路消費不斷增加的社會，前面所提到的試穿問題與搭配問題，我想是拓展時尚購物網路化時會碰上的高牆。

一次消費最多只會購買兩件左右

關於時尚搭配的鐵則，有位專家曾表示：

「近來能夠容許的範圍擴大，只要因應個性，什麼樣的服裝設計與顏色穿搭都是可行的，幾乎不會再出現以前所說的NG搭配。然而即便如此，除了與穿著者的臉部骨骼、膚色配合度以外，也會根據會面對象和地點來做選擇。為了不讓自己與對方丟臉，唯有這點是絕對不能誤判的。」

無論是實體店鋪還是網路消費，因預算的關係，通常消費者一次購入的商品數量大多為一至兩件。由此可知購買的商品是以和顧客手中的衣服或鞋子搭配為前提。

網路購物網站每年都在進化，更加真實、有魅力地展現一項商品細節的技術也不斷提升。然而，無論再怎麼將多種搭配模式穿在模特兒身上展現給顧客看，消費者所關心的還是與自己本身及自己衣櫥裡衣服的搭配性。因此，縱然在網路上看了許多件單品，依舊很難感受到真實感。不得不承認，這就是時尚商品的網路購物極限。

將用戶捲入其中來解決網路課題

感受到這股時尚服飾消費特性與販售單品極限的網路購物網站，正在尋求幾個解決方案。

其一，是發展 ZOZOTOWN 的 ZOZO 公司於二〇一三年啟動的 App——WEAR。關於 WEAR，我會於第五章重新介紹其開發的真正意義等，這是個由用戶（包含一般用戶、店員、專業模特兒、知名藝人）發佈穿搭文的投稿型社群 App。

用戶可以用手機自拍當天自己的穿搭，將穿搭中所採用的服裝顏色、品牌等附上標籤後發文。由於是社群軟體，如果該名用戶的穿搭很棒，即可追蹤或是按「讚」。這是一種展現自我的社群網站，不過另一方面，也具備了可以搜尋穿搭參考圖片的功能。

這些搜尋結果可以讓用戶得到點子，了解要用哪些手邊的衣服搭配看起來才會很時髦，倘若對穿搭的衣服有興趣，也能夠在 ZOZOTOWN 或穿搭品牌的網站上買到完全一樣或是相似的商品。WEAR 是個劃時代的 App，藉由用戶參與的模式，從用戶所上傳的穿搭圖片去誘導用戶消費單品。

其二，是之前所提到的 Amazon Prime Wardrobe。這是將商品送到顧客家，讓顧客試穿後考慮要不要買的服務，試著把顧客的家打造成試衣間。只要在退貨期限內，就可以跟手邊的衣物搭配試穿後再考慮是否購買，可說是解決問題的其中一項對策。

其三，是二〇一一年在美國創業的 STITCH FIX 與二〇一八年 ZOZOTOWN 在日本所提供的定期配送式「訂閱型」個人化服務（在第五章會更詳盡說明）。該服務以顧客的嗜好與主題風格為基準，寄送由專業人士搭配好的外衣、上衣、下裝、鞋子、包包等，讓顧客在家試穿後只購買中意的商品，並將其他商品退貨。此服務同樣將顧客的家化為試衣間，故也能解決搭配問題。

今後，像這樣將顧客住家變成試衣間的網路服務還會持續地增加。

網路商店的 Showroom 店鋪

店鋪是讓顧客能夠了解商品、體驗試穿並從店員口中獲得建議的場所。現在許多網路商店也嘗試打造所謂的「Showroom 店鋪」，你只要想像成蘋果商店或 Dell Store 的時尚版就好了。

此服飾專賣店的先驅，是美國的紳士休閒品牌 BONOBOS。

BONOBOS 是在二〇〇七年由紐約兩位史丹佛大學的學生所創立，為在網路上販賣講究合身與版型之男褲起家的創投品牌，目前商品線已從褲子拓展至西裝和休閒服。由於沒有實體店面，而是採用「網路下單、將商品直接寄送給客人」，故可以說是 D2C（Direct to Consumer，直效行銷）的商業模式。

該公司為了因應顧客在網路上購買之前會想試穿的期望，於二〇一一年在紐約開設第一間展示店，之後又陸續於美國的主要都市拓展，成為擁有實體展示店的網路時尚店家，知名度因而提高。

二〇一二年，全美最大的零售業沃爾瑪看準其未來性與豐富的科技人才，以三億一千萬美元破天荒的高價將其收購，納入旗下。由於客群不同，展示店並沒有在沃爾瑪展店，而是在同集團內特別以「市中心中產階級以上之年輕人」為主要客群的平台 Jet.com 上開店，不過基本上，展示店依然不斷擴大並持續進行獨立的網路販售。

二〇一八年，BONOBOS 的年營業額推估為一億五千萬美金，全美國共有四十八間展示店。

在寬廣的試衣間悠閒地試穿

二〇一八年夏天，我曾於洛杉磯的 BONOBOS 展示店有過消費經驗。

在氛圍如日本服飾精品店的店內，每項商品的各種顏色都備有一件樣品。如果架上的商品是自己的尺寸可以直接試穿，倘若不是，店員會從倉庫中拿出其他尺寸的試穿用樣品。

BONOBOS 的商品庫存位於麻州的倉庫，而店鋪裡除了試穿用、供消費者確認品質的樣品外，沒有任何多餘的存貨，非常簡潔。另一方面，與傳統的服飾專賣店相比，其特色在於試衣間很寬廣。

在盡情試穿以後若想要購買，店裡並沒有收銀台，而是請顧客用平板連到線上網站下

美國洛杉磯的 BONOBOS 店鋪外觀

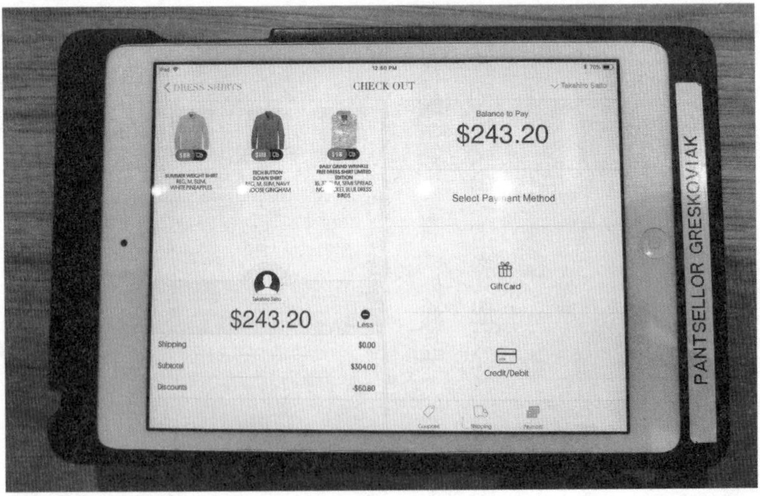

由於沒有收銀台，要用平板線上購物

訂，登記信用卡資料後便完成結帳，之後想再買，就不需要登記這些資訊了。為了體貼顧客初次登錄的麻煩手續，第一次購物時可以打八折。由於當時我正在旅行，所以就指定目的地——波特蘭的 BONOBOS 店鋪取貨。

BONOBOS 採取的是從倉庫配送到家裡或是店鋪取貨的模式，我就雙手空空地離開展示店。店鋪到頭來也只是確認商品用的場所，故不像一般專賣店那樣會設立結帳用的收銀空間。再加上試穿才是目的所在，我對於店裡舒適的試衣間與同行者在等待期間可以輕鬆休息的大沙發印象深刻。此外，在決定購買後透過網路結帳也讓我感覺非常符合數位時代的潮流。

雖然不能馬上將購買的商品帶走有點可惜，不過可以悠閒試穿、心情愉悅又能進行數位結帳，使我感到極為新鮮。

不一樣的實體店鋪理想狀態

ZARA在六本木快閃店所實踐之事

二〇一八年五月到八月這四個月期間，ZARA於六本木新城開設了快閃店。作為另一個網路商店展示店鋪的案例，就來介紹我在此快閃店的線上體驗吧。

在店內只要下載ZARA的App後，顧客就會被認定為在六本木的店內，得以開始消費。與平常具有大量商品的ZARA店鋪不同，由於各種商品各色皆只陳列一件，故給人稍微帶點高級服飾店的印象。跟一般ZARA分店相同的是，每個架上都有外衣、上衣、下裝等便於讓人想像畫面的搭配，成了穿著風格的提案賣場。

倘若有喜歡的商品，就用手機App掃描標籤上的條碼，指定自己的尺寸，放入App內的網路商店購物籃中。

在過程中，覺得不需要的商品隨時可以移除勾選。顧客可以不試穿，直接在網路上購買，也能按下「想試穿」的按鈕，約五分鐘左右即可準備試穿，畫面上會顯示「請顧客在

ZARA 的六本木快閃店

店內等待」的訊息。

等試穿準備完畢，試衣間的號碼會傳到手機裡。一進到寬廣的試衣間，就會發現衣架上已經掛著想要試穿的商品。

如果試穿後想購買，可將不買的商品取消勾選，只留下要買的，直接線上結帳，這與在網路上購買商品的感受完全相同。由於我過去有在線上購買ZARA商品的經驗，所以早就留有信用卡資料，我只需要選擇要宅配或是在店舖取貨，一鍵即可完成支付。顧客不必在店內的收銀台前排隊等結帳。

1. 下載最新版的 ZARA App
2. 開啟藍芽與定位資訊
3. 開啟 ZARA App，按下「搜尋店鋪」按鈕，選擇「六本木模式」
4. 掃描中意商品的標籤，刷卡
5. 按下「商品」按鈕，即可選擇所有線上的商品
6. 確認卡片後預約試穿或直接結帳

若想試穿，
則按下「希望試穿」按鈕

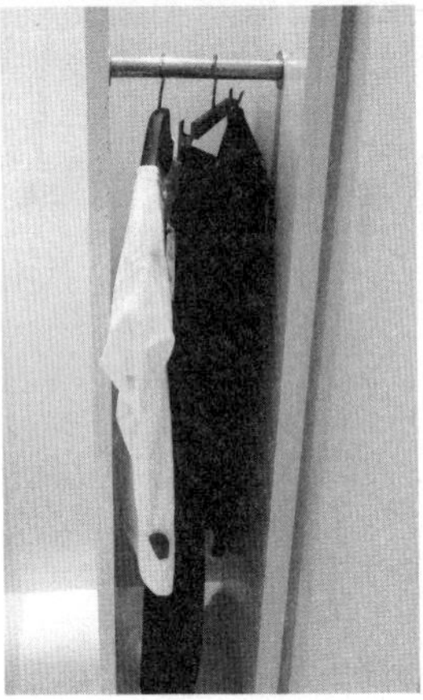

被傳喚至試衣間後，
會發現衣服已經準備好了

若想要，
就直接結帳

出自：作者以 ZARA 發送的教學導覽為參考製作而成

圖表 4-3　ZARA 線上快閃店的體驗順序

在收到可以進行試穿的通知之前，顧客只需在店內自由瀏覽即可，沒有排隊等候試穿的壓力，此外，再加上不用於收銀機前面大排長龍，也沒有現金交易，我因而體會到這究竟是多麼舒暢的一件事。

這裡雖然跟美國的BONOBOS一樣，無法馬上將想穿的商品帶走有點美中不足，不過當購買大量商品，或是後續還有其他事情，不方便自行提貨回家的情況下，能夠空手離開商店實在是很「智慧」的消費體驗。

在網路展開連鎖店的可能性

網路企業在購物方面除了縮短時間、價格優惠外，還同時解決了好幾項購物壓力，此外也開始處理網路購物的缺點——試穿問題與搭配問題。

那麼，擁有實體店鋪網的連鎖店，能夠活用這些分店為顧客做到些什麼？如前所述，用智慧型手機取得資訊，進而採取行動的消費者，經常會思考是否能盡可能有效率、划算地購物。因此，撇除掉只有在店鋪才能辦到的事情以外，這將是往後零售業、時尚精品店的職責，或許也會成為全渠道零售時代的挑戰吧。

在此，我們就來思考在購物時網路可以完成多少事情，而在店鋪又能得到什麼樣的體驗。

圖表4－4簡單整理了消費者在獲得時尚潮流與購物相關資訊後，前往購物並帶回自宅的消費流程。

階段一　要在店鋪購買還是網路購買

在店鋪購買的流程，是①在網路上取得一定程度的資訊②確認地點與營業時間③前往店鋪④逛店內尋找商品，比較之後確認自己的尺寸是否有庫存，或是向店員詢問額外的資訊⑤試穿⑥考慮是否購買⑦做出決定⑧去收銀台結帳⑨帶商品回家。

相反的，網路購物在這一連串的流程上就不必在意時間與地點，於線上完成即可，但是⑤無法試穿與下訂後⑩要等待宅配與⑪要處理紙箱、包材等垃圾就會成為壓力。有時候購買到一定金額以上會有運費優惠，導致顧客多買了不需要的物品，這就是缺點所在。

階段二　用公司網站查詢鄰近店鋪庫存

從要在「店鋪購買」還是「網路上購買」這二選一的階段進化後，即是發展出「查詢鄰近店鋪庫存」的機能。網站上會顯示顧客喜歡的商品去哪間店可以找到，也能透過該品牌的網站搜索，顯示出消費者生活圈內哪些分店擁有該商品的庫存。

此為大型連鎖店優衣庫、GU、無印良品、ZARA以及大型精品店UNITED ARROWS、BEAMS等網站上的標準功能。

這是為了避免客人特別到了實體店，卻發現沒有目標商品庫存，白跑一趟。雖然是以即時更新分店庫存為前提，但也有可能在消費者前往店家的路途中完售，不過，整體來說還是可以大幅降低白跑到沒有庫存分店的情況。

階段三　開始在公司網站上點擊提貨

此為「指定店鋪取貨」服務。於線上完成購物後，顧客並非在家等宅急便，而是想快速、確實按照自己的步調取貨。由於一般來說企業會利用倉庫到店鋪的配送路線順便送貨，故就算只買一件商品也不需要付運費。我已於第二章介紹過，在宅配不方便、店鋪物流網卻很發達的英國，以及同樣會事先幫顧客把庫存揀選出來的美國，這類案例正不斷增加。

顧客可以前往店鋪單純拿貨，以防萬一，也能夠在試衣間試穿購買的商品，加以確認。如果不試穿，就不需要等候試衣，再加上已經結完帳，也就無須排收銀台。假使試穿之後

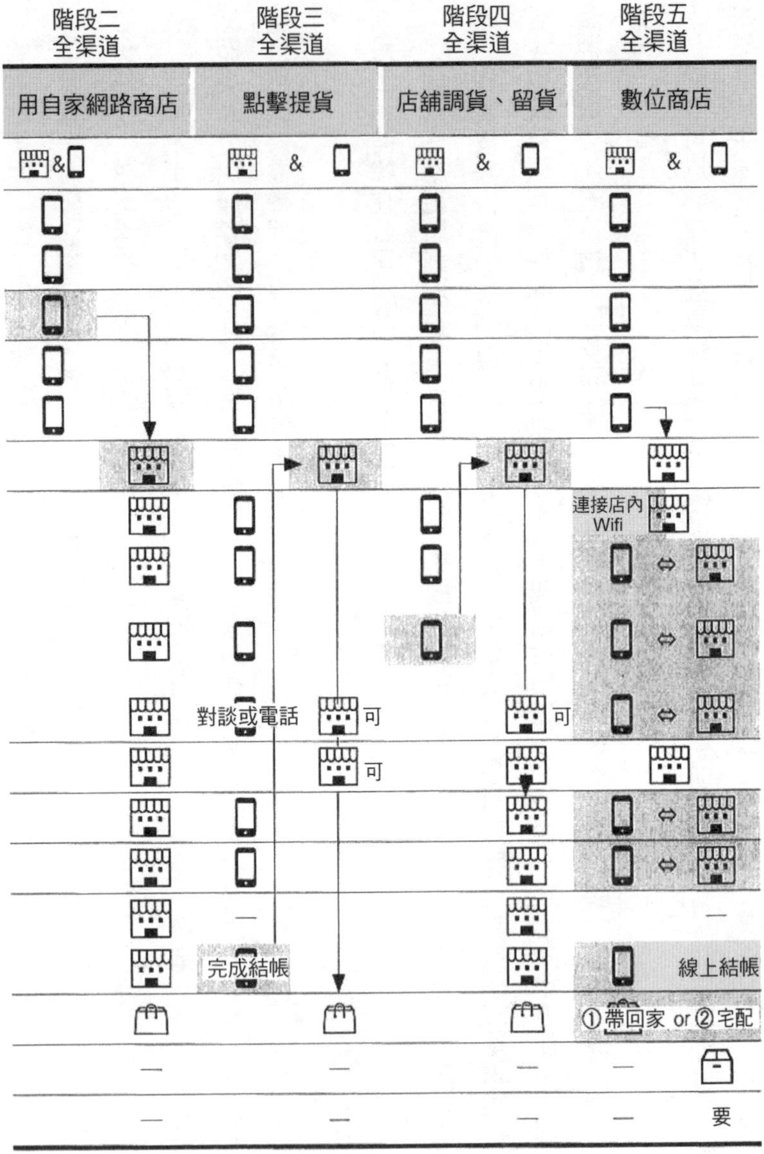
階段二
全渠道
階段三
全渠道
階段四
全渠道
階段五
全渠道
用自家網路商店
點擊提貨
店鋪調貨、留貨
數位商店
&
&
&
&
連接店內Wifi
⇔
⇔
⇔
對談或電話
可
可
可
⇔
⇔
—
—
完成結帳
線上結帳
①帶回家 or ②宅配
—
—
—
—
—
—
—
—
要

消費者旅程			階段一 多渠道	
			店鋪	自家公司 網路商店
1	收集資訊	品牌資訊		
		商品資訊		
		查詢鄰近店鋪庫存		
2	確認店鋪資訊	店鋪地點		—
		營業時間		—
3	來店			—
4	選擇商品（確認）	逛店鋪		
		比較商品		
		詢問庫存、 調貨、留貨		
		得到額外資訊		對談或電話
5	試穿			×
6	考慮			
7	決定購買			
8	結帳	排收銀台		—
		結帳		
9	帶貨回家	電車、車、步行		—
10	等宅配配送	負擔運費	—	
11	處理紙箱垃圾		—	要

圖表 4-4　連鎖店善用網路的進化案例

發現商品的尺寸不合，或是與想像的有落差，可以在店鋪退貨，若店內有提供替換商品，也能換貨（事實上是退貨後買新品）。當然，因店裡陳列著各種商品，顧客也得以加購與商品很好搭配的品項。

階段四　線上網站開始提供店鋪調貨、留貨服務

此為請店家將網路上看中意的商品調貨到指定分店，以及幫忙保留店鋪庫存的服務。階段三的點擊提貨是先在網路上完成結帳，不過階段四則是可以在店內試穿，等聽完店員的建議後再判斷是否購買。其優點在於能確實試穿網路上找到的商品並購買，無印良品、精品店 BEAMS 與 Urban Research 等都有採用此功能。

階段五　善用顧客的智慧手機，豐富店鋪的消費體驗

除了來店之前能先得到店鋪資訊，進行各種預約以外，其環境整備完善，只要在店內使用連結 Wifi 的智慧手機，即可豐富消費體驗。不僅人在店內可以取得網路商品、庫存與活動等各種資訊，店家也力求改善消費流程中顧客所感受到的壓力。例如，顧客用手機連結庫存的即時更新系統之後，即可查詢 Amazon Books 的店內庫存、搜尋 NIKE 的尺寸庫存與預約試穿，以及在ＺＡＲＡ預約試衣間以進行試穿。此外，各電子商城也重新規畫了展示店的環境，顧客不需要特地去收銀台排隊，用店內的平板或自己的手機就可以線上結帳。

歐美零售業店鋪的數位化與機械化並非在推崇尖端科技，而是以顧客體驗與解決購物壓力為優先。於此同時，店鋪也期望減輕工作人員的作業量，提高生產力，某種程度上，可以說是將勞動轉嫁到顧客身上。以前，生意興隆的店意指來客數多，相當擁擠的店，也有經營者認為排隊隊伍越長越好。或許往後，時代會變成顧客對於讓客人白跑一趟、等候接待、等待試穿與結帳的店家望之卻步吧。

Column 4

Amazon會讓全世界成為Showroom？

我曾在第二章講述在 Amazon Books 視察時，體驗過該店鋪如何讓顧客活用「Amazon 購物 App」，各位讀者有沒有使用過這個 App 的掃描查詢功能呢？由於知道的人似乎意外地少，就讓我在此介紹一下。

點擊位於搜尋處右側的相機後，若人在日本，會顯示四個圖示（在美國為六個圖示）。

在這之中的「barcode scanner」是查詢條碼。點擊圖示，將相機對準書本或多媒體上的條碼，即會連結到 Amazon 公司網頁，並顯示該網站內相同商品的販售頁面。

而位於左側的「product search」則是圖像搜尋。點擊圖示後，用相機對準商品，按下綠色的攝影按鈕，綠色的點會開始閃爍，然後連結到 Amazon 網站。如果這項商品有在 Amazon 販售，便會出現該商品的頁面，即便沒有販售，也會顯示類似的商品。

這是我在視察 Amazon Books 後，去了 Amazon 收購的有機超市——全食超市（Whole Foods Market）時所察覺到的。

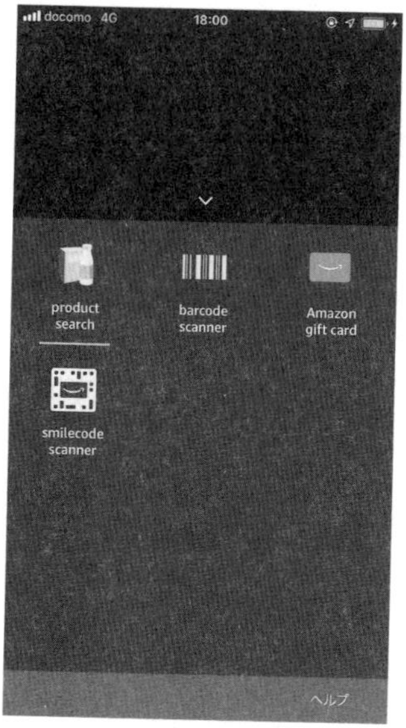

Amazon 的掃描機能

出自：Amazon 官方 App

我在美國期間，午餐時段經常會吃全食超市的熟食。有次我心想是否有可能知道目前所販賣的紅酒有多少種類，用圖像搜尋之後，果然發現能在 Amazon 網站上購買。如果是 Amazon Prime 的會員，無論是在全食超市的店面或是 Amazon，皆能以 Amazon Prime 會員價購物。

當時我有點震驚，假設提高這個商品圖像搜索的準確度，那麼之後不論在哪裡，只要看到中意的商品，不管商品上有沒有條碼，都能用這個掃描功能搜尋。只要 Amazon 公司有販售，即可購買。

聽說 Amazon 以「能夠一鍵購入全世界所有商品」為目標，就是指這件事吧。

我想，Amazon 的目標總有一天會實現。身為一名零售業者，我深切感受到未來只要是能夠用 Amazon 方便購買的商品，消費者都會被吸引過去。至於要怎麼提供並非如此的商品，就是我們往後的工作了。

CHAPTER 5

誰會享受科技進步？

從企業轉為以消費者為主體

從店鋪邁向顧客衣櫥的最佳化

在第四章，我曾提及用數位化科技促進顧客的購物效率，進而消除壓力的案例。回顧過去半個世紀以來，領導流通革新的企業群，往往是在讓流通方式合理化之後，還增加方便顧客的選項，並隨著機械化與網路通信高速化等科技進步，提高資訊革新與業務效率。就連優衣庫、ZARA這種SPA企業與快時尚連鎖店的全球性高速運轉亦然，可以說是沒有近年的科技進步就不可能實踐。

過去，蒙受科技進步恩惠的是企業方。不過，二〇〇七年由於iPhone的出現，智慧型手機誕生，二〇一三年4G普及，到了二〇二〇年，更預計要推出5G這種大容量高速化通信服務。往後十年，個人通訊裝置——智慧型手機的通信會進一步高速化，享受科技進步的主體鐵定會從企業方變成消費者。

因此我認為，今後發起流通革新的舞台並非企業商品與顧客的連接點——店鋪，而是考量到顧客的整體時尚生活風格。

我投身服飾業界三十年，相信店面是企業與顧客的連接點，滿足顧客與生意的「真實瞬間」即在此處，故一直致力於如何配合顧客需求，讓店鋪的庫存最佳化。然而，一想到在往後時代享受科技的會是消費者，越發確信那個「真實瞬間」並不在店面，而是在顧客收納購買衣物的衣櫥中才對。

將顧客會造訪購物的店鋪庫存最佳化依然重要，不過縱觀近年來的消費環境變化後，我不禁認為，當今的世代早已超越店鋪，必須秉持著顧客衣櫥最佳化的觀點才得以存活。

重新評估時尚的生命周期

圖表5－1用環狀圖來呈現顧客衣櫥中所有服裝的季節性動向。右側為當季（旺季），左側則是淡季的動向。顧客會購買當季的衣服穿，同時也會將過季的衣服拿去清洗、收納起來，接著半年後，下一季開始了。於是，顧客開啟了「除了手邊現有的衣服之外，還會添加新衣享受新一季時尚」的循環。

購買新商品時雖然很快樂，但也常會因為各種情況而煩惱或感受到壓力。

食物和化妝品一旦有效期限到了，就只能丟棄。至於家具與家電，在故障或機能下降

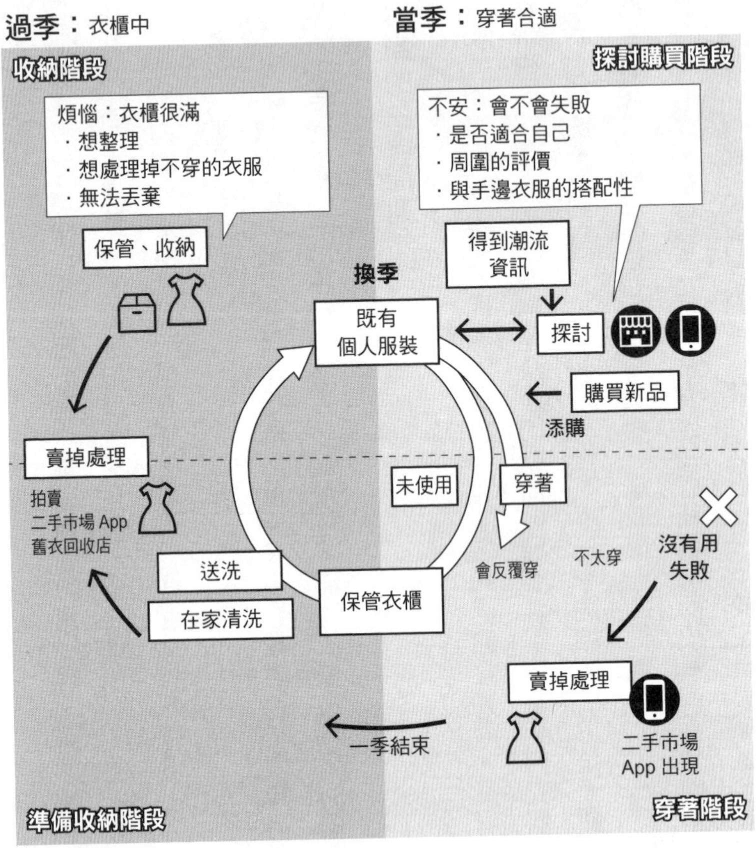

圖表 5-1 現在的衣櫃循環

後購買新品之前，屬於相較來說會陪伴我們較久的用品。

但是時尚——尤其是服裝跟其他消費財不同，有季節性，除非你有超大的家或寬闊的收納空間，不然經年累月的當季服裝會像滾雪球般增加，衣櫃開始滿溢出來，這是每個人都曾體會過，也是顧客所面臨的巨大時尚流通隱藏課題。所以今後不是光賣商品就好，企業要如何參與、解決消費者煩惱的時代即將拉開序幕。

在這一章節中，我不會局限於店鋪或網路消費，而是將視野拓展至消費者旺季、淡季時的衣櫃內部，思考今後消費者所追求的流通革新。若以這樣的觀點來綜觀日本國內，會發現未來的革新者們為了將消費者的衣櫃最佳化，早已將智慧手機設為主要舞台，展開好幾種運用數位科技的服務。

從購買前的搭配煩惱、每天的不同穿搭，到不再穿的衣服與過季衣服的維修及收納管理等，我會一併介紹國內的十個案例與海外相關先行案例。

以搭配為起點購買新衣服

用戶參與型穿搭貼文App——「WEAR」的革新性

WEAR是在二〇一三年十月，由開創ZOZOTOWN的ZOZO所開發成立之日本最大規模時尚穿搭貼文App。

除了一般用戶以外，品牌服飾店員、模特兒與藝人們也可以用手機自拍全身照，並附上標籤標示外衣、上衣、下裝、帽子、首飾、包包、鞋子等分別是哪個品牌的商品，發佈貼文。

其主要功能，是用特定關鍵字搜尋、閱覽、保存其他用戶穿搭文的「搭配選單功能」，與將手邊商品、新購買商品保存至個人衣櫃以進行管理的「個人衣櫃功能」這兩項。由於具備社群網站的機能，用戶可以追蹤覺得很時尚的其他用戶、為穿搭文按「讚」或是留下評論，互相進行交流。

WEAR之所以創新有好幾個原因，首先，是採取社群網站的形式，讓眾多用戶能夠

時尚穿搭投稿 App「WEAR」

出自：ZOZO 提供

頻繁發佈自己的穿搭文，成了天天更新穿搭圖片的資料庫。

在二〇一八年十月，由一千兩百萬名用戶發佈的穿搭圖片超過八百萬張以上（女性五百二十七萬張，男性兩百三十一萬張，孩童七十八萬張），此資訊量應該可以說是日本最大規模的穿搭資訊吧。

與此同時，WEAR 也能稱之為網路上最具規模的穿搭相關搜尋引擎。若希望能夠受到認同，這是一個展現自我的社群平台。當然，將其當作取得穿搭靈感的搜尋引擎、獲取資訊的工具而被動使用的用戶也不在少數。例如，煩惱今天手邊的藍色外套要和什麼搭配時，只要在 WEAR 上搜尋「藍色、外套」，即可一覽大量符合該關鍵字標籤的圖片。假使用性別、身高、年代、髮型、季節、地區等關鍵字來篩選，還能從大量的圖片中找出接近現正搜尋物品的穿搭圖片，用戶可以找到與自己持有衣服相似的人，進而參考對方如何搭配。

如果發文者為服飾店工作人員，或許會全身穿著自家品牌的衣服，至於其他的一般用戶則會結合手邊的衣物，穿出屬於自己風格的搭配。一旦發現了與自己相似或是比自己稍微時髦的用戶，只要追蹤，即可成為每天穿搭的靈感，也能從對方穿搭的品牌資訊中得到提示，了解今後該去哪間店購物才會有自己喜歡的衣服。

因穿搭的煩惱而開始開發 App

我曾訪問與 ZOZO 創辦人前澤友作先生一同開發 WEAR 的 ZOZO Technologies 代表董事社長——久保田龍彌先生有關開發時的事。他說：「這個世界上鐵定有很多為穿搭而煩惱的人，於是我們兩人著手思考要如何製作讓這些人方便使用的資料庫。所以，WEAR 的本質不是 App，而是資料庫。我們後來考慮到要如何為這個資料庫持續收集資訊，因而造就了用戶貼文型的社群網站 App。」

當初是否有作為參考的先驅App呢？久保田先生接著回答：「我參考了美國的Polyvore與之後加入集團的日本IQON（關於這兩項App，會於下一節說明）。穿搭的流程是1選擇衣服2搭配3穿上，不過IQON與Polyvore在運作上是著眼於搭配而非單純選擇衣服。只是，如果沒有穿上，人們就看不到最重要的『穿法』。於是我們開始討論，是否能製作讓用戶得以實際搜尋穿法的『穿法搜尋App』。」

「我與前澤先生徹底討論要做什麼樣的資料庫。我對於由業界人士來制定流行總有種奇怪的感覺，流行應該是大家一起創造、一起享受其中即可。WEAR是採用社群網站形式的『字典』。大家都說時尚潮流是以數十年為周期循環的，對吧？用戶不斷發文到WEAR上，累積檔案，或許十年、二十年後還能作為穿搭的參考。我想到時候那些資訊一定可以再度利用……我們討論的最終構想相當宏大，在二〇一三年推出App時，我們只實現了百分之五左右而已。」

WEAR的特色在於並非像一般的網路商店或實體服飾店一樣，全身上下都用同個品牌的新商品相互搭配。大多都是以當季購買的新品與用戶過去買的商品進行組合，因此相較於時尚雜誌或是品牌推薦的提案來說，更能感受到真實感，也更有說服力。

此外，如果看到穿搭貼文中有自己手邊沒有，但能夠增加穿搭性衣飾時，就會產生想購齊的需求。由於知道是哪個品牌的商品，若 ZOZOTOWN 剛好有在販售，即可直接連結到商品頁面。即使沒有相同商品，也可以從 ZOZOTOWN 所推薦的類似商品中尋找。

雖然這屬於沒有看到實際商品，會難以下決定購買的網路購物，不過用戶因為看到 WEAR 上的穿搭圖片，而跑到 ZOZOTOWN 上購買商品的購買率（＝轉換率）為百分之七點四，與一般業界為百分之二到三的轉換率水準相比，高出了約三倍。

邁向全世界最大規模的時尚資料庫之路

根據 ZOZO Technologies 公關部所述，二〇一八年十月，ZOZOTOWN 自 WEAR 轉換而來的業績單月就超過四十億日圓。從此數值可以得知，WEAR 為 ZOZOTOWN 貢獻了相當於百分之十五的業績。相較於三年前，也就是二〇一五年八月 WEAR 每月十億日圓的銷售額，其貢獻度年年提高，得以證實顧客希望參考有真實感的穿搭資訊來購買商品。

雖然這個資料庫是設計專供用戶使用的，不過對於不錯的用戶穿搭貼文，取得許可之後，ZOZOTOWN 也會進行相關的應用。

此外，投稿內容從其他的搜尋引擎也能夠搜索到，不只限於 App 內部而已，因此除了運用在 ZOZOTOWN 自身的行銷上，也常有許多企業的商品企劃或行銷人員把 WEAR

當成調查工具。

二〇一三年該App上架時，因具備條碼掃描功能，只需掃描在店鋪中看到的商品價格條碼，即可保存商品的資料並於ZOZOTOWN上購買，導致百貨公司與大型購物中心大力反對，在媒體上也造成大話題。

然而實際上，WEAR是個寶庫，以用戶參與型的社群網路形式持續增加穿搭資訊。即便已經上架五年，WEAR依然不斷提升下載數、用戶數與貼文量，作為ZOZOTOWN的市場進入策略，不僅履行了提供穿搭的責任，也成為日本最具規模的時尚資料庫之一。

由用戶編輯的線上時尚雜誌

超越品牌，享受服飾的「IQON」

相較於WEAR是自行搭配手邊衣服後再自拍、發文，IQON是由用戶選擇網路上販

IQON App 畫面

出自：IQON 提供

售的衣服、包包、鞋子、首飾，透過跨品牌互相搭配來打造的「拼貼編輯型」穿搭建議App。

用戶會根據想要穿搭的主題，從IQON合作的超過兩百家網購網站上任意選擇外衣、上衣、下裝、包包、首飾、鞋子加以組合，製作「混搭」的穿搭靈感版面。在製作時，IQON會準備樣板，用戶可在白色的畫布上自由製作。

相對於WEAR是以用戶手邊的衣物互相搭配為前提，IQON的重點在於即使自己沒有，發文者也可以發揮創意將選擇的商品互相搭配，這是與 WEAR 最大的不同之處。

二〇一八年十二月，IQON 的下載量為兩百萬，每月用戶兩百萬人，下載了 App 的用戶在享受發文的同時，也可以閱覽由超過一千兩百萬件商品所組成，多達兩百七十萬則以上的搭配文。

對觀看的用戶來說，在翻著宛如時尚雜誌的書頁並瀏覽穿搭圖片的過程中，一旦發現中意的商品，只要點擊「前往購物網站」的按鍵，就可以直接連結到商品頁面進行購買。

由於跟 WEAR 一樣採用社群網路的形式，可以追蹤能引起共鳴的用戶、給予「讚」的評價以及登錄個人頁面。此外，IQON 還能讀取時尚相關新聞，也提供用戶詢問穿搭建議，再由其他用戶回答的服務。

誰都可以成為時尚雜誌的編輯

二〇〇七年於美國展開服務的 Polyvore，可說是這類透過網路多品牌策略的穿搭編輯時尚 App 先驅。其特色在於每位用戶都可以是時尚雜誌編輯，將網路上各種品牌的時尚、美妝、居家時尚單品互相組合，完成「set」的穿搭拼板，打造得以相互評價的網路社群。

無論是誰，都可以享受身為時尚編輯的樂趣，Polyvore 代替了時尚雜誌，被公認為促進「時尚民主化」的App。過去幾年，Polyvore則以每個月會有三百萬篇穿搭提案，使用的商品高達一億三千萬項為傲（此為二〇一六年的數據）。

Polyvore在二〇一八年四月被賣給加拿大一間經營網路時尚網站的公司之後，在許多用戶的扼腕之下關閉了。如此受歡迎的服務之所以會關閉，據猜測收購方的目的，是取得用戶的資料與發文資訊。

自從二〇〇七年Polyvore創立之後，全世界都相繼推出同樣的服務，如二〇〇九年的trendMe（克羅埃西亞）、二〇一〇年的IQON（日本）、二〇一一年的URSTYLE（波蘭）等，二〇一七年又推出SHOPLOOK（美國），二〇一八年則是Stylevore（印度），由此可知「自行編輯時尚穿搭提案」這種形式，受到全世界眾多用戶喜愛。

訂閱型個人化服務的興起

ZOZO集團在網路搭配提案的措施方面，還有一項名為ZOZOTOWN「委任定期宅配」的服務。

此為二〇一八年二月十五日起展開的服務，擁有豐富服飾販售經驗的專業人士會根據客戶的資訊，透過獨家演算法選出五至十樣商品，在搭配完畢後定期配送到顧客家中，顧

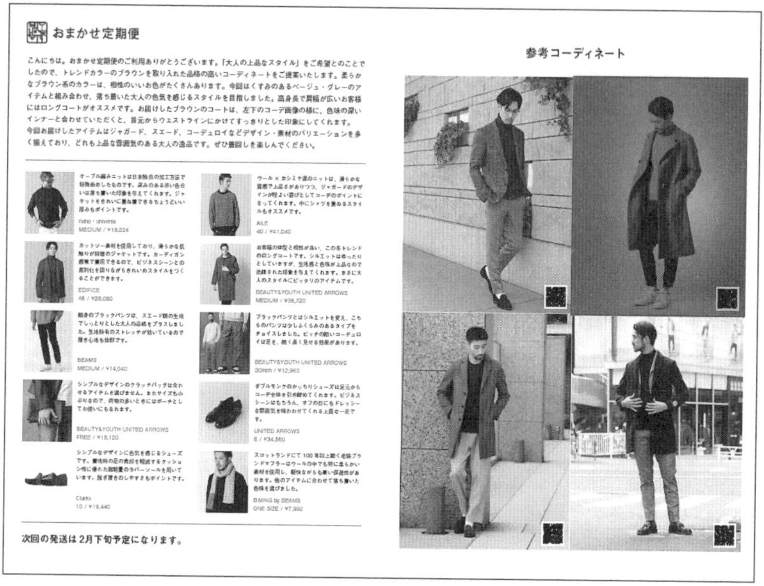

線上個人風格提案服務「委任定期宅配」

出自：ZOZO 提供

客可以於自宅試穿並只選購想要的商品。

服務推出至今，是什麼客群在使用呢？ZOZO的回答為：「女性方面，大多是需要稍微不那麼正式的休閒感上班服，卻又不知道該怎麼穿的女性上班族、對體型感到自卑的人，還有對網路購物感到排斥的人。男性方面，則大多是本來就對衣服沒興趣的人，以及平常都穿西裝，覺得挑選休閒服很麻煩的人會使用。」

再者，除了能開拓平常就煩惱著該穿什麼衣服的客群以外，另一方面，「由於可以讓他人幫忙挑選自己不會選擇的衣服，喜歡時尚的ZOZO用戶也會使用這項服務」，能夠開發舊有ZOZO用戶的新需求並增加提案機會，是讓他相當看好這項服務前景的原因。

基本上委任定期宅配「是以『不用試穿、無須思考，適合自己的商品就會自動送達』這等生命線般的服務為目標」。（註：因集團經營方針改變，此項服務已於二〇一九年終止。）

AI與專業的合作

此網路個人化服務的全世界先驅，應該是美國的STITCH FIX。

STITCH FIX是二〇一一年創立的訂閱型個人化服務。此服務會根據用戶申請時所填寫的八十五項問卷調查結果來定期（①二至三周②每個月③二個月一次④三個月一次）寄送搭配好的外衣、上衣、下裝、雜貨等共計五件商品，送達之後，在三天內，顧客可以只購買中意的商品，不要的商品就免費退回。如果全部退貨必須負擔二十美金的設計費，全部購買則享有百分之二十五的折扣。

該公司服務有趣的地方，在於AI會根據問卷與購買後的評價，從該公司的庫存中選擇五樣以上可以全身搭配的商品，再由造型師從中篩選出五樣商品，附上選擇的理由信，和退貨用的包裹一同將商品寄送給客人，也就是「AI與專業人士的合作」。

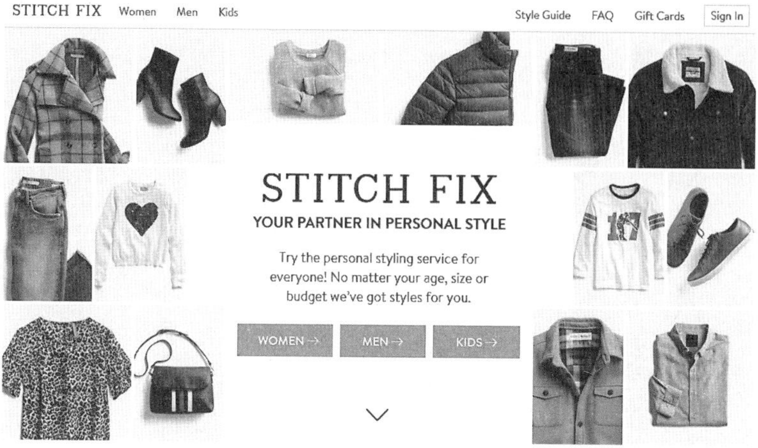

STITCH FIX 的網站

出自：STITCH FIX 網站

該公司當初以女性取向為主的機制起家，後來擅長ＡＩ的共同經營者與投資者加入，企業急速成長，二〇一五年開始出現盈餘，內容陸續擴展至孕婦裝、女性用小尺碼服飾、鞋子、男裝、大尺碼、高級服裝路線等。現在全美國共有兩百四十萬名顧客、七十五位數據分析師、三千四百名服裝設計師，並與超過七百間以上的品牌進行交易。STITCH FIX 會請合作品牌提供 STITCH FIX 的專用商品，當中也有私人品牌，其營業額占了全體的百分之二十。

該公司運用ＡＩ的部分是整合第一次的問卷調查與顧客回饋，但並不僅止於制定搭配企劃，也用於進貨最佳化、開發自有品牌的靈感、全美國五間倉庫庫存以及倉庫內庫存地點的最佳化。

與「嶄新的自己」相遇

時尚購物的其中一個樂趣，即是與過去自己可能不會選擇、不會購買的衣服或風格相遇。每次穿西裝時，我都會在胸前的口袋放入口袋巾，這已經有如我的註冊商標一樣，而契機是十多年前某精品店的店員給予的建議。獲得專業造型師的指導，與自己沒有想過會穿的新衣服或穿搭方法相遇，會使時尚變得更有趣。

往後應該會有更多網路個人化建議的服務。在相關資料的數據化成熟之前，或許難以避免造型師個人的失誤，然而若發展成美國 STITCH FIX 這般活用ＡＩ的服務，也許會提高個人化建議的精準度。如能讓顧客添加某種他從沒想過要購買的商品，而且覺得興奮，這是很有成就感的事。

這樣的服務不該僅限於「網路下單、顧客在自家試穿」的模式，也應採用在實體店面的試穿購買上。想想看，能夠在比自家房間還要寬敞、舒適的試衣間裡備好造型師事先挑選的五樣商品，顧客可以自由試穿，只購買想要的商品並帶回家——倘若有這樣的服務，應該會有不少顧客趨之若鶩才對。

「讓專業人士為你選」的附加價值

不購買而是「租借」

接著，我要來介紹個人化造型租借服務「air Closet」，也就是由造型師來幫顧客挑選衣服，但「不購買而是租借」。

air Closet 是二〇一四年由天沼聰先生所創立，二〇一五年開始針對成熟女性展開服務，以專業造型師的個人化搭配作為號召，是服飾的月費制或定額租借服務。

天沼先生之所以創立這項服務，是來自於與家人之間的時尚消費經驗。創業的原點，是因為天沼先生想要做與生活中的食衣住領域有關，且能使顧客每天感到雀躍的工作。有一次，天沼先生陪同妻子在購物中心逛街，注意到多數人只會來回逛特定的幾間店，明明都花了時間卻總在類似的店裡購物，所以不太會遇到新的品牌或衣服。

另一方面，他從大約十年前就注意到「共享經濟」的概念，所以比起單純的服裝租借，他更想要安排顧客與新衣服邂逅。天沼先生認為，如果能夠用絕對不貴、多數人皆可負擔

air Close 網站

出自：air Close 提供

的費用，享受原本必須付出高額費用的專業造型個人化服務，顧客應該會很開心。接著，他苦思能否用雲端方式來媒合用戶與造型師，於是就誕生了現在的 air Close 服務。

天沼先生表示：「比起在購物上花費時間與成本，不如由專業人士挑選衣服，讓顧客實際體驗『穿著樂趣』的價值，即是我的宗旨所在。」

大多人會將 air Closet 認定為服飾租借服務，不過其特色不僅止於分享服裝，而是透過雲端來共享個人化造型服務。

百分之九十的用戶都是「職場女性」

服務的內容大致上分為兩個方案，輕量方案是月付六千八百日圓，根據問卷調查的需求，用戶可以租借該公司所登記的一百五十位造型師所選擇的三件衣服，如上班服或外出服等等。另一項方案則不限總租借數，月付九千八百日圓，一次同樣可以租借三件，一個月內交換很多次衣服也沒問題（兩個方案用戶皆需負擔每次三百日圓不含稅的運費）。根據該公司所述，選擇不限租借數量方案的用戶比較多。無論是哪一種方案，只要喜歡，衣服都可以持續租借（一次最多三件），也能夠購買。

該服務所挑選的衣服多為在百貨公司售價約一萬日圓左右的高品質服飾，算起來，等於可以用約四分之一的價格租借價值三萬日圓的衣服。

二〇一八年十一月，其網路註冊人數為二十萬人，以二十七至三十五歲為主，職場女性占百分之九十，全體的百分之四十為有小孩的人。

以可以穿好幾季的外衣與下裝等自身衣物，再與罩衫、針織品、羊毛上衣、連身洋裝等一起搭配，該服務能夠善用這些為手邊衣物添加變化的商品，因而受到顧客喜愛。

在海外也有類似的服務。二〇〇九年於美國創業的 Rent The Runway 以能夠用便宜價

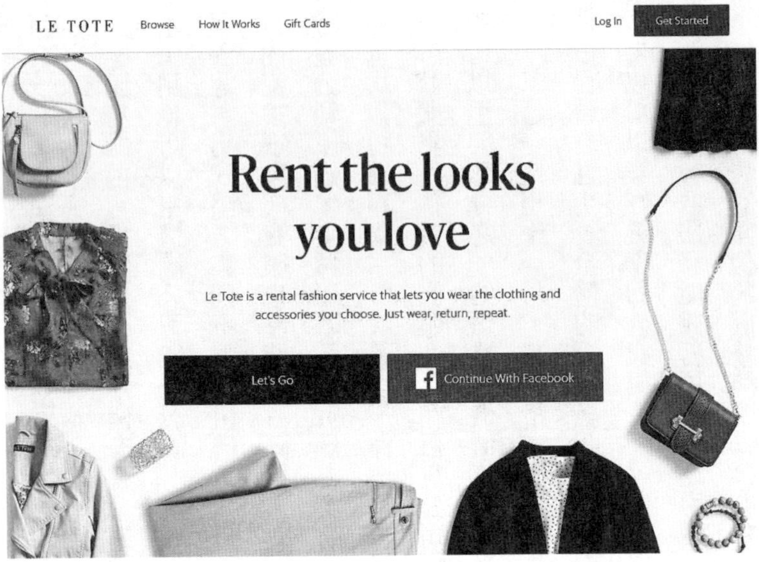

LE TOTE 的網站

出自：LE TOTE 網站

格租借在宴會穿的高級品牌服飾而聞名（二〇一六年的推估年營業額有一百億日圓，現在也開始出借上班服），還有二〇一二年在美國創立的 LE TOTE（從孕婦裝起家，後拓展至一般服飾）等等。

用戶不會自己選擇租借的商品，而是由造型師代為挑選，換句話說，在以個人化造型服務為前提的這一點上，後者的 LE TOTE 比較類似 air Close 的服務。

尚未有成功案例的日常服飾租借服務

LE TOTE 的起源，是創業者的

妻子在懷孕期間總為服裝煩惱，創業者才心想「如果有孕婦專用的租借共享服務，應該會有不少人覺得很方便」，而從看好其未來性的數間創投公司獲得數十億日圓的資金。為了確保收益，LE TOTE的服務內容已經拓展至標準尺寸的休閒服範疇，現與一百五十間以上的品牌合作，提供月費制、定額制且可以事先確認或交換租借商品，如果喜歡則無限期租用，想要購買時能夠用最高百分之五十的折扣購買等服務。

air Closet公司除了提供改善個人造型的租借服務「air Closet」之外，二〇一七年更開始有效利用專業造型師的資源，推出新服務「pickss」，寄送由造型師選出的五樣搭配商品，讓顧客選擇要不要購買其中喜歡的品項。此服務與前面提到的「STITCH FIX」及「委任定期宅配」相近。此外，air Closet也持續拓展服務內容，讓負責其他商品租借的企業使用air Closet透過租借所培養出來的線上系統。

考量到租借服務的未來，會發現其實從以前就已存在針對派對或祭典服飾的租借服務，不過一般服裝的租借服務至今還沒有成功案例，可以期待未來的需求會逐漸增加。

此外，倘若消費者越來越習慣「不需要就脫手」的概念，那麼「以出售為前提來選擇購買物品」的循環型消費行動也會普及，那麼購買時與出售時的買賣差價就會和租借費的意義有所重疊了。或許這種消費趨勢會與租借服務成為競爭關係。

「air Closet」不僅僅是租借，而是利用雲端的個人化造型共享服務、讓顧客有機會與新衣服邂逅。正如同其名「air Closet」，此服務隨時能在雲端上存取，背後宗旨為讓顧客的衣櫥最佳化，這樣一想，未來能提供給顧客的服務內容似乎還有發展性可言。

因衣櫃可視化而普及的提供穿搭建議 App

我想應該有不少人每天早上出門時都會煩惱要穿什麼衣服吧？若是時間充裕、神清氣爽的早晨倒還好，但如果要在短時間思考今天出門的場合、見面的人、工作之後的安排、最近是不是總穿同一件衣服、之前去相同場所穿的衣服是什麼……一邊想著各種事情，匆忙地決定服裝後換衣服出門——我想這應該是每個人每天早上的寫照。在此，我會介紹最近極為盛行的兩款 App——SENSY CLOSET 與ＸＺ，兩者皆以活用ＡＩ讓個人衣櫥可視化，並提供每日建議穿搭為理念，一起探討未來的衣櫥管理。

首先是 SENSY CLOSET。創辦人代表董事執行長渡邊祐樹先生過去在日本ＩＢＭ公司擔任顧問時，負責處理運動服飾的過剩庫存。在漫長的商品調貨期間會有許多企業參與其中，再加上獨特的買賣條件，渡邊先生因而了解到在錯綜複雜的流通業界，常會因為害怕庫存不足，習慣性製作過多的商品。

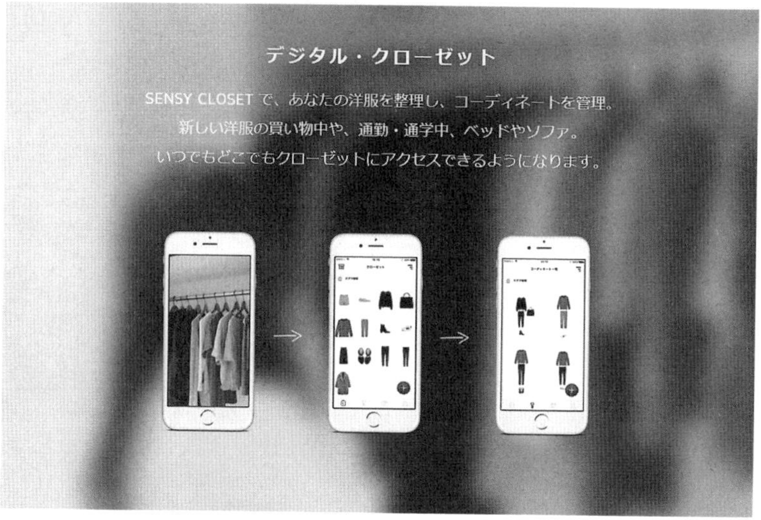
デジタル・クローゼット
SENSY CLOSET で、あなたの洋服を整理し、コーディネートを管理。
新しい洋服の買い物中や、通勤・通学中、ベッドやソファ。
いつでもどこでもクローゼットにアクセスできるようになります。

SENSY CLOSET 的畫面示意圖

出自：SENSY

自大約二〇一〇年開始，渡邊先生從學生時代就投入研究的主題——AI深度學習開始受到大眾矚目，他也因為思考是否能用AI解決這種業界課題，促成了創業的契機。該公司的個人化AI概念並不是用宏觀趨勢來分析大數據，而是將AI當作一位消費者，把假想消費者作為分析對象而制定大量人數模組。

AI會預測各個消費者的行動，累積這些大眾數據，預估需求趨勢。該公司於二〇一四年十一月開發了時尚AI「SENSY」，具有①提供穿搭點子②介紹店舖③推薦資訊④個人專屬設計師功能。一開始此AI是運用於百貨公司的店鋪接客、網路商城的電商接客與男士服裝連鎖店的個人化服務上，並預測大型服飾製造商的商品銷售計畫需求。

二〇一七年一月，SENSY 以一般用戶為對象，開發出能對應ＩＯＳ系統的智慧型手機 App「SENSY CLOSET」。此 App 有數位衣櫃功能，可以讓一般消費者在下載 App 之後，用手機一件件拍攝自己衣櫥中的衣服上傳，以便進行管理，也有能夠在手機上任意搭配這些衣服的功能，以及每天利用這些衣服提供穿搭建議的「服裝搭配日曆」功能，還能夠記錄穿衣頻率與周期。

雖然現在只能對應ＩＯＳ系統，但已有二萬七千下載數、兩萬六千名註冊用戶，更登記了三十六萬件商品。針對這些登記的商品與搭配範本，App 還具備了可以從一千個購物網站品牌獲得建議的功能。

探尋新的流通革新需求

靠天氣與氣溫來提出時尚建議

還有一個要介紹的App是XZ。於二〇一四年一月創立該公司的代表董事執行長荻田芳宏先生，之所以在創業上決定要制定「衣櫥可視化」App，原因是他曾長年參與時尚雜誌的相關業務，發現各雜誌的文章雖然多以「穿搭」為主題，實際上卻很少人真的擅長搭配，許多女性都煩惱著要如何有效活用自己的衣服。

之後他推出XZ。此App的概念是以對時尚並非毫不在乎，卻沒什麼自信的人為對象。之前曾介紹過的「WEAR」屬於自我展現型時尚穿搭App，適合擁有中高階以上穿搭技巧的用戶使用，而XZ的概念則是成為讓中階技巧用戶（或晉身中階為目標的用戶）能夠分享、討論每天穿搭的社群網路型App。之後，二〇一八年三月，XZ全面更新為會自動提出穿搭方案的App。

此App的特色是只要登記好平均二十件左右既有的外衣、上衣、下裝、鞋子、包包等，

App就會分析用戶的品味與喜好，去合作的線上購物網站尋找跟用戶品味最相近的搭配。找到可以作為參考的數據後，自動搭配用戶登記的商品，附上參考用的穿搭圖像與自動生成的評論，並於每天早上連同當天的天氣、氣溫資訊發送通知，向用戶提案。

二〇一八年十二月，該App已能對應IOS與安卓系統，創下八十萬下載數的成績。其註冊用戶四十萬人，設立衣櫥者三十萬人，登記了男女裝共八百萬項商品，以及一百五十萬種服裝搭配。

二〇一九年，該公司還推出了「穿搭電子商務」，合作的購物網站會針對用戶手邊的穿搭提供「買齊單品」方案。

兩個App皆活用AI，處理用戶對衣服穿法與搭配上的煩惱，作為支援衣櫥最佳化的App，潛藏著握有關鍵的可能性。首先，從能夠將畫面滙入App的「可視化」開始，到為了協助顧客從網路買齊需求商品而進行推薦。倘若化為影像的衣櫥能與事先登錄好的用戶行程連動，在了解用戶每日的需求後，解決早上尋找穿搭的煩惱，應該會受到相當大的重視吧。此外，AI了解用戶常穿的衣服與少穿的衣服後，或許也能夠協助用戶將衣物「斷捨離」。我認為往後，XZ也許會是能夠負責衣櫃最佳化的平台。

圖表 5-2　衣料、服飾雜貨市場過去五年的營業額變遷

2012 年	2013 年	2014 年	2015 年	2016 年
983 億日圓	1127 億日圓	1241 億日圓	1504 億日圓	1869 億日圓
	+14.6%	+10.1%	+21.2%	+24.2%

※ 衣料、服飾雜貨市場每年的成長率為全體二手市場中成長率最大的類別之一，尤其是近年來又因為 Mercari 等二手市場 App 而大幅成長

出自：《二手市場數據書 2018》、《二手市場數據書 2017》（皆為 Reform 產業新聞社）

賣掉不穿的服飾，購買新衣服

越是年輕的世代，似乎越會對購買二手品沒有抵抗力。購買二手衣（又稱古著）也成為購買服飾時的一種選擇。

從以前開始，就有喜歡「古舊感」的年長古著控族群，也有時髦的人為了不和他人撞衫，把古著當作是「稀有品」穿在身上，更有因為價格便宜而選擇古著的人。

受到《斷捨離》與《怦然心動的人生整理魔法》等超熱銷書籍的影響，在進行世代生活型態行銷調查領域有著良好評價的「伊藤忠時尚系統」，擔任其知識開發室長的小原直花小姐指出，於一九八二年後出生、二〇一〇年開始獨立生活的新世代年輕人，已經有努力不讓自己過度持有物品的習慣。

此外，二〇一三年 Mercari 與其他二手市場 App 的出現，也助長各個年齡的消費者，養成把不需要的物品脫手、賣掉

的習慣。

根據小原小姐所述，一九九二年後出生的世代從懂事以來身邊便充斥著Book Off等二手書店，這些人在父母的幫助之下進行漫畫、遊戲軟體與卡牌遊戲的二手買賣，「以賣出為前提來購買」、「確認過脫手時可以賣多少之後才買」這等觀念深植人心。小原小姐提出的世代分析與Mercari最活躍用戶為「二十多至三十多歲女性」的現象相當一致。

從這些傾向可以得知，他們並不是因為衣服舊到不能穿才脫手，而是脫手穿了幾次就不想穿的衣服，或是雖然買了卻沒穿過，沉睡在衣櫃裡的衣服（也就是「新二手品」）。結果，與過去相比，反而提升了二手衣物市場流通的衣服新鮮度與品質，不難想像當二手衣與新品在品質、鮮度上的差越來越小時，將「購買二手品」納入選項的消費者也會跟著增加，逐漸對新品流通將會帶來影響。

不一樣的二手商品價值

「不穿的衣服」去向如何

專攻線上購物且致力於二手市場的「ZOZOUSED」，是與專門販售新品的ZOZOTOWN並列的二手衣物消費選擇。另一方面，ZOZO集團考慮讓ZOZOUSED作為顧客衣物退場戰略的一環，收購顧客不穿的衣物，發揮線上古著二手買賣網站的功能。

ZOZOUSED是在二〇〇五年創立，於二手衣物業界緊追在2nd STREET（該研究推測為三百九十六點二億日圓）之後，業界銷售額排名第二（一百二十八點七億日圓）。

ZOZOUSED處理八千種以上的品牌，隨時有一百萬件以上的商品在網路上販售，品牌群鎖定在T恤為三千日圓以上、襯衫五千日圓以上這些會在LUMINE等車站大樓或百貨公司販售的品牌（及價位更高的品牌）。據說這些品牌的新二手品或狀態良好的二手品可以用低於原本價格的半價購買。

現擔任ZOZOUSED代表董事社長宮澤高浩先生表示：「由於二手事業是C2B2C的

ZOZOUSED 的 App 畫面

出自：ZOZO 提供

生意，必須進行收購與販賣兩種市場行銷。雖說不收購生意就無法成立，不過對賣方來說，販售的手續很繁瑣。因此，我們想出了『（為了賣出不穿的衣服）一百個改善策略』，也每天一步步地實行。」即使到了現在，ZOZOUSED 依然持續進行改善。回顧連新品也難以在網路上販售的時代，做古著買賣更加辛苦，所幸現在業績順利上升了。

曾經效果絕佳的「舊換新優惠」

起初，ZOZOTOWN 由於將「古著」作為購買選項之一，所以利潤方面有所成長，不過在二〇一三年以後利潤之所以會攀升，或許是因為隨著二手市場App的出現，把不需要的物品「脫手」這習慣開始深植於整個社會當中，才因而受惠吧。

二〇一五年，ZOZOUSED為了審查二手品，與大和運輸一同開發了請顧客寄送商品的Reuse bag服務（直譯為「重複使用袋」，縱使沒有人在家，該尺寸大小也可以放進信箱，寄送時亦能夠從顧客自家出貨），增加了收購量。

從二〇一七年起，消費者賣二手衣給ZOZOUSED後，換得的金額可用「補差額」的型式於ZOZOTOWN上購買新品，這個「舊換新優惠」的效果絕佳，在二〇一七年度超過六百五十萬件的收購品項中，有百分之四十九是因為此「舊換新優惠」而來。

此外，作為下一個對策，從二〇一八年三月起，ZOZOUSED導入了「市集」功能。ZOZOUSED販賣中價位以上的品牌，卻也讓擅長販售奢侈品的「Komehyo」、專精骨董服的「JAM」與主攻大眾市場的「2nd STREET」在平台上展店，讓消費者可以同時購買到高級品牌和大眾品牌。

在集團中，ZOZOUSED的職責是圍繞在每位客人身旁，讓從WEAR上面獲得穿搭靈感的顧客在ZOZOTOWN上購買商品，若衣物不想要了，可以在ZOZOUSED上出售，再將賣掉的錢作為基金，繼續於ZOZOTOWN上購買新品——ZOZOUSED所擔任的，

圖表 5-3 ZOZOUSED 的營業額變遷

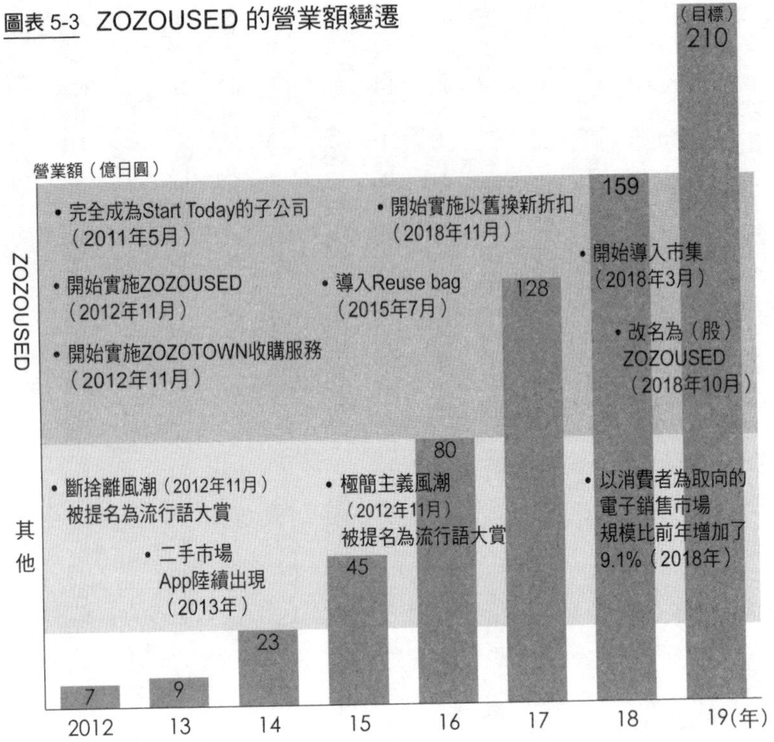

出自：根據 ZOZOUSED 提供的資料製作而成

正是此環狀商業生態系統的一部分。

「二次流通」才是品牌的榮耀

宮澤先生表示：

「用戶也變聰明了，在購買新品時，會思考可以穿幾個月，又能夠賣多少錢。本公司在納入ZOZOTOWN 的旗下後，得以共享許多新品販售的數據進行二次使用。不只是商品圖像，還能知道原價格與販售

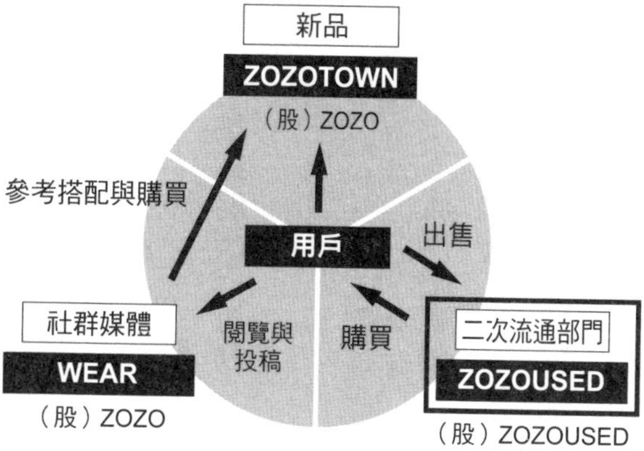

出自：根據 ZOZOUSED 提供的資料製作而成

圖表 5-4　靠 ZOZO 運轉的環狀生態系統

時期，這就是優勢。雖說是古著，從新品發售後所經過的時間就是其所謂的鮮度，這會成為商品的價值，也是收購與販售的關鍵。運用集團龐大的多元資訊，在尊重品牌的情況下，無論是審查收購還是設定販賣的價格，我方都會做出公平的判斷，為得到顧客的信賴而努力。」

這代表「過去，如果販買品牌的二手商品，就會受到品牌方的敵視」，但隨著消費者的消費意識改變，現在二手衣的流通也產生了變化，倒不如說，這些能在許多人手中不斷流通的商品或品牌，才是大多數消費者認定為有價值的品牌。品牌方應該要對於能在二次流通中販售感到自豪，大方歡迎這股趨勢，期待因為二手商品而喜歡上自家品牌的消費者，未來會上門購買新品。

關於ZOZOUSED未來的願景，宮澤先生說：「我想和品牌合作，在店家進行品牌限定的不穿商品、不用商品之以舊換新活動。我希望能夠以品牌店中店的方式，讓收購的商品在ZOZOUSED內展店，打造眾多販售品牌的二手商城。」假使多數品牌都能接受顧客對二次流通態度的改變，並理解其意義所在，或許實現這樣的二手商城也不再是夢。

靠IT革新的洗衣服務

介紹過活用智慧型手機，實施網路獨有的個人化時尚風格革新案例後，接下來要介紹除了穿衣這等當季問題以外，也會在過季後協助消費者整理衣櫥的策略。

首先是洗衣服務。於二〇〇九年七月創業，同年十月展開「Lenet」洗衣服務的WHITE PLUS公司（代表董事井下孝之），視「讓顧客更想穿上自己喜愛的衣物」為己任，為業界第一個提供網路完結型（註：意指所有手續只需在網路上辦理，無須提交紙本資料等）洗衣服務的企業。

在創業初期井下社長所看到的，是一九八〇年代清潔業界的九千億日圓市場規模，到了近來已經縮減為將近巔峰時期的三分之一，只有三千四百億日圓。過去的傳統洗衣店主要是早上九點開門，晚上七點關店，而井下社長心想，在沒有配合市中心雙薪世代生活作息的這一點上，是否有能夠改革的機會，因而構思出可以二十四小時預約的網路完結型宅配洗衣服務。

創業之後，社長經歷了數年的錯誤嘗試，最後選擇不開設店面，而是透過網路連結用戶與工廠，將原本洗衣店面所花費的地租、房租、人事費用等成本，拿來提升宅配服務與清潔品質，追求除了單純將衣服清洗乾淨以外，還能把委託的衣服煥然一新地送回去，為顧客帶來額外感動的服務。

井下社長在創業時曾跟超過一百間工廠進行面談，一一確認品質後，最終與擁有共同信念的四間工廠簽訂契約。這些工廠並不專屬於 Lenet，但有指定的廠房或專門的生產線供 Lenet 專用。該公司全力追求品質，從接受訂單到清洗的進展全都由網路管理。此外，在提升品質的對策方面，採取獨特的評分機制，可以透過數據得知清洗廠商該怎麼做才能提升評分、提升後的結果又會讓用戶多麼喜悅等等。

因二手市場的活絡而重新審視洗衣的價值

該公司的特色是針對高級會員提供的「高級洗衣服務」（二〇一八年十二月的月費是

三百九十日圓（不含稅））。不單只有洗淨，連去汗、去毛球，使衣服恢復至近全新狀態的「精緻加工」等所有項目都不需要額外的費用。此外，一般來說每天的十點至晚上九點為標準的收貨與宅配時間，不過該服務也在東京的幾個限定區域中，提供早上六點到十點與晚上九點至十二點進行配送的服務。

WHITE PLUS 透過網路節省時間，在便利性與品質方面也受到好評，二〇一八年五月，其會員數與三年前相比，倍增至三十萬人。

關於近來服飾業界的清潔情況與顧客的變化，該公司表示：「人們正重新審視清潔一事。其中一個原因是二次流通日益發達，為了讓人願意高價購買，越來越多賣家會先進行高品質的洗衣服務，之後在 Mercari 販售。」事實上，我看了在 Mercari 上販售的衣服，發現有很多都會附註「已使用 Lenet 清潔完畢」的說明。這就表示：「在購買快時尚的人不斷增加之下（該公司接受最多清潔委託的品牌是優衣庫），消費者也會重新評估中價位的服裝，好好維護，以便長久穿下去。」

在服飾業界，該公司的知名洗衣服務大受百貨公司與精品店的好評。這或許也代表在單價持續下降的服飾業界中，該公司「讓顧客更想穿上自己喜愛的衣物」這等概念，與販售方期望顧客能夠珍惜、長久穿著品質良好的衣服這想法是一致的吧。

不只清洗，還使衣服「重獲新生」

此外，在節約意識提升，免熨燙的白襯衫、在家裡就能清洗的針織品、西裝廣受消費者支持的時代，該公司也自信滿滿地表示：「消費者會期望這些也是理所當然的，我不覺得有所威脅。因為只要請託Lenet，除了清潔以外，還能把衣服變得煥然一新還給顧客。所以即使這類（在家即可清洗、保養的）商品很多，也有不少用戶會委託洗衣服務。」

「聽說在服飾店，顧客會問的問題有百分之四十至五十是『這件衣服可不可以在家洗』，可見大家很在意購買衣服之後的保養與花費問題。但沒有認真學習衣服保養概念的店員卻不在少數，所以本公司經常受託，向進駐商城的名牌服飾店員們進行『在家即可執行的售後保養』專業講座。」

該公司也在網路上公佈不同衣料售後保養的技巧。「業績是否受到影響？」對於這項疑問，對方回答：「即便知道自己確實去做就可以洗得很乾淨，依舊有不少人在發現實際上得花很多工夫後，選擇委託敝公司清潔。」

透過這段對話，我才注意到服飾業界與清潔業界遺忘已久，對顧客而言卻是很重要的事情。

不僅僅是洗衣，似乎還有其他服務也能透過網路，來節省忙碌的都市居民有限的時間與金錢。

以都市生活者為取向逐漸增加的收納服務

次世代迷你自存倉的理想型態

過季後不穿的服飾收納，也是我們的煩惱之一。

如果每年都添購衣服，很快就會塞滿有限的衣櫥空間，倘若對不穿的衣服置之不理，衣服鐵定會開始從衣櫥滿溢出來。

之前曾提到，越是年輕世代，越不抗拒服飾的重複利用。反之，三十五歲以後的世代越是上了年紀，越會想著總有一天得整理才行。他們一面心想或許哪天還能穿，丟掉很可惜，又覺得放到現在的二手市場 App 或二手店販賣很麻煩而無法脫手。

寺田倉庫所提供的 minikura 是於二〇一二年展開的次世代迷你自存倉服務，目標為「對於個人重要物品，進行高品質的保管」。這不像現有的迷你自存倉一樣是以箱為單位提供存放，而是1打開箱子後拍攝個別的商品畫面，透過網路讓顧客可以看見託管商品的影像2會提供清潔並保管，以及3使用攝影畫面，用戶即可輕易地將自己不要的東西上架至雅虎拍賣上。保管的物品能夠依照顧客的要求「以箱為單位」或是「以個別商品為單位」出庫。

minikura 的誕生，意不在與大型倉儲業者進行規模或價格的競爭，而是和單純只管理寄放箱子的個人迷你倉庫業者做出差別，欲以都市生活者為主要客群，提供追求品質的服務。

其提案人，同時也是 minikura 負責專務執行幹部的月森正憲先生，他有著比原主更了解寄放商品狀況的專業人士自信，心想自家公司擁有口碑和資源，是否能開發個人取向的服務呢？於是便以「並非單純出租空間、保管物品的服務，而是站在寄放者的立場珍惜物品」這樣的獨創服務為目標，在提案後受到公司內部的認可，終於推出。

現在，minikura 每年處理的件數為一千七百萬件（入庫空間），有百分之九十九的寄放者是個人委託。契約人基本上多為三十至四十多歲者，過半為男性，物品有一半是衣服，

minikura 專務執行幹部月森正憲先生

其他大多為書籍、收藏品、紀念品等。

在過去，以箱為單位的迷你自存倉服務，寄放件數一個月頂多一百件左右。隨著二〇一二年 minikura 成立後，每月處理件數爆增為兩千至三千件，可以確認其潛在需求。現在，每個月入庫的物品都超過兩萬箱。雖然整體還是多以箱為單位來管理，不過在服飾部分，似乎有過半數用戶澈底利用該服務的「個別物品管理」功能。

為什麼從展開服務後這六年來，處理件數提升上可以有如此的突破？月森先生認為：「這個服務不單只是寄放物品，還可以協助拍攝箱中的內容物將其可視化、提供清潔服務，甚至還能將不需要物品以攝影畫面，輕易上架到合作的雅虎拍賣上。光只是保管物品的傳統服務，是無法做到這樣的。」

藉由寄放來降低脫手的難度

月森先生曾去見習過洗衣店的保管服務，他發現大多情況下，服飾都是在歸還給客人之前才清洗。他對這段「空窗期」的保管狀況有所疑慮，因此決定要在顧客於自家公司寄放貨品後，馬上就清潔並掛到衣架上，並配合顧客的需求在適當的空調環境中保管，試圖與過去的其他公司做出區別。此外，也增加了可以將拍攝的畫面，藉由簡單的手續上架到雅虎拍賣上販售的服務。他認為於二〇一三年展開服務的Mercari絕對不是競爭對手，「在降低『脫手（賣出）個人持有物品』的難度並養成習慣的這一點上，兩者是有加乘效果的」。

在開始服務之後，出乎意料的是，除了一般消費者前來委託保管持有物以外，也有不少服飾賣家委託寄放。因保管狀況良好而頗受好評的「寺田倉庫品質」，某方面來說可視為上架販售時的宣傳詞，因此也吸引了許多想以「高品質保管」作為賣點的個人賣家或經營副業者。

對於此服務的想法，月森先生闡述：「長年以來我都在從事倉儲業，經常有客人突然將物品寄存，又突然取出的情況。想了解這些寄放物品的客人到底想做什麼事情，就是我長久以來的課題。藉由打開箱子提供個別物品的管理服務，讓我能夠貼近顧客的心情。」

月森先生認為：「如果能從顧客持有的物品來知道對方有什麼想法以及個性如何，或許就能提供更好的建議。我認為現在已經是可以用網路來做到這些事情的時代。」

關於今後事業的願景，月森先生幹勁滿滿地表示，欲利用個人取向的 minikura 系統販售供能，發展成只要五分鐘即可讓每個人都擁有物流與個人店面以進行網購的「minikura plus」，增加 minikura 的愛用者。

每個人對於衣櫃裡的衣服數量和想法都不盡相同。然而，假如可以將自己衣櫃的內容可視化，無論何時都能觀覽，就能夠消除至今為止的好幾項壓力，展開新的時尚消費模式，處理個人服飾的方法可能也會改變。即使自己親手拍照並上傳到手機 App 裡的程序很麻煩，卻也能夠利用過季服飾的清潔、保管與收納這種衣服會一度離開衣櫥的機會，看清衣櫥的內部，分辨出會穿與不會穿的衣服。

各公司推行的完結型衣料品循環系統

在第五章，我介紹了透過網路改革往後時尚消費與處理衣櫥方式的案例。最後，我想介紹 Onward Kashiyama 公司的完結型衣料品循環系統——OnwardGreen Campaign，使顧客能在店內回收不要的衣服，由公司於線上及線下通路做二手販售，或是為求不要浪費而回收。

在進入正題之前，我先來簡單整理全球各大服飾連鎖店，對於不需要衣物的回收情況。

首先，創立優衣庫的迅銷公司在全國的優衣庫與GU店內設立回收箱，全年回收客人不想穿的自家服飾。有百分之八十的回收商品會透過聯合國難民署，贈送給全世界需要衣服的人們。

從二〇〇六年九月開始至今為止（二〇一八年八月），該公司已在全世界十八個國家中回收了七千七百五十七萬件商品，贈與了三千零二十九萬件給六十五個國家。剩下的百分之二十會製作成可回收素材，作為纖維製品再度利用，或是製作成固體燃料，作為煤的替代燃料運用在大型製紙廠的鍋爐上。

H&M則不限定是否為該公司所販賣的商品，只要是布製品，都可以在全國的店面回收。若顧客自己裝在袋子裡拿到結帳台，一袋能夠兌換五百日圓的H&M折價券（最多兩張，折價券有期限與使用條件）。回收的二手衣會贈送給不富裕的國家及地區，也可以出口作為回收資源再度利用。

至於ＺＡＲＡ，日本國內的部分店鋪內會設置集裝箱，不限自家公司商品也不限定為服飾，只要是不需要的時尚商品皆可回收。ＺＡＲＡ在西班牙也開始提供「送達下訂商品的同時，回收不需要衣物」的服務。並在西班牙國內的城市街頭設置一千五到兩千個集裝箱。ＺＡＲＡ會把這些回收物透過紅十字會捐給全世界需要衣服的人，或是當成回收素材，製作成再生纖維，以T恤等衣物的型態重生。

為了不要使企業與消費者棄置衣服

二〇〇九年，服飾製造大廠 Onward Kashiyama 開始於百貨公司的店鋪回收自家公司的商品。當時，Ｈ＆Ｍ進駐日本（二〇〇八年）後所掀起的快時尚風潮開始襲捲市場，加速時尚的陳腐化、價格不實、削價出售頻傳等狀況，在庫存堆積導致難以處理的服飾業界，當時的執行幹部，也就是現在 ONWARD HOLDINGS 的代表董事社長——保元道宣先生煩惱著要如何使企業與消費者都不隨意廢棄衣物。保元先生為了對自己製作的商品負責，提出了 Onward Green Campaign 計畫作為促使顧客再度光臨的方法。

此 Green Campaign 計畫，是在全國每一個售有該公司商品的百貨公司內，設立一年一次、為期三周的據點，若在店面回收該公司所販賣的商品，會給予購買新品時使用的一

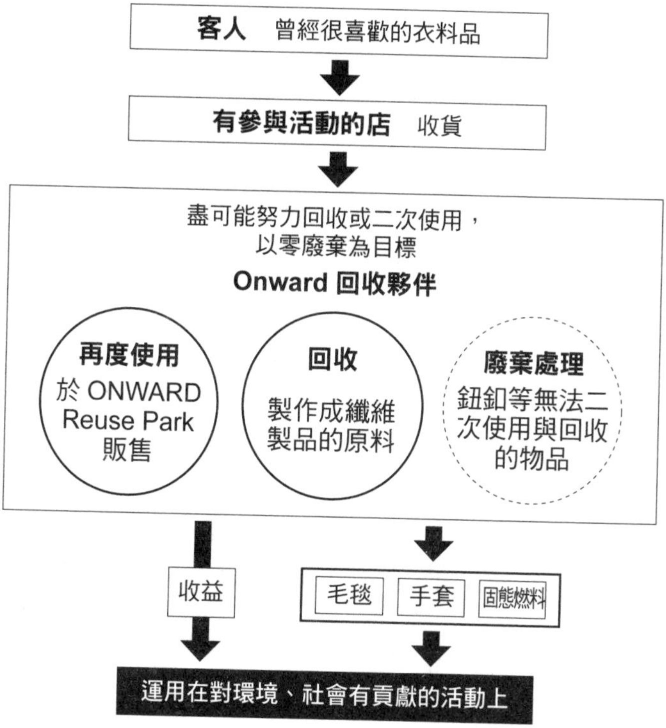

出自：以 Onward Kashiyama 提供的資料為基礎製作而成

圖表 5-5　Onward Green Campaign 的流程

（活動實績）

	2009年	2010年	2011年	2012年	2013年	2014年
參加人數（人）	25,608	39,180	41,983	53,755	55,717	59,279
收取衣服數	130,649	203,802	218,081	282,121	292,737	356,480

	2015年	2016年	2017年	2018年春	累計
參加人數（人）	69,375	72,896	122,063	73,407	613,263
收取衣服數	428,284	470,721	696,149	376,551	3,455,575

※2018 年只到春天為止

出自：以 Onward Kashiyama 提供的資料為基礎製作而成

圖表 5-6　逐年增加的回收衣物

千日圓點數。收到的商品並不會委託給業者處理，而是集中至自家公司的倉庫，以公司的標準進行分類。

可以再度販售的商品，就會在該公司所經營的「ONWARD Reuse Park」（東京吉祥寺）或公司的網站「ONWARD CROSSET」上作為二手衣販售。很難直接販售的商品，就與服飾專門學校合作加工為重製商品，同樣在前述的店舖或網站上販售。其他則會製成再生纖維，在指定的工廠加工成勞動用手套或毛毯儲備起來，於發生災害時送往受災地，或是每年一次會與紅十字會合作，將毛毯送往世界上最為貧困的地區。

除此以外，難以加工成纖維製品的回收物品會由該公司負擔經費，加工為固態燃料讓太陽能相關的企業等使用。根據該公司所述，其領收的商品有百分之二十四會在店鋪與網路上再度販售，剩下的百分之七十六被回收作為手套、毛毯與固態燃料。

邁向能夠持續理解衣櫥內部的循環

根據 Onward Kashiyama 公司所述，第一年度，也就是二〇〇九年一整年回收了十三萬件，之後回收衣物不斷增加，到了二〇一八年，回收的衣物將近七十萬件。該公司一年的生產量為一千萬件，代表回收量相當於百分之七。該公司的目標是百分之百回收。

自己製造的東西由自己回收，在自己的眼皮底下分類，於自己的通路再次販售，自己親手加工，送到受災地或是世界上最貧窮的國家。Onward Kashiyama 的計畫，簡直就是「自家公司完結型的服飾循環系統」。

Column 5

線上預約體驗後再前往店鋪

在網路消費普及後，便利性的提升，應該讓很多人覺得跟過去相比，前往店鋪購物的機會正不斷減少。零售業的網路購物銷售額比率在日本是百分之十、美國百分之十五、英國百分之二十左右，光看這些統計數據，會發現實際上去店鋪購物的人還是占大多數。然而，要購買重複性商品、已經知道品質與功能的商品，或是稍微妥協一些也無所謂的商品，應該會漸漸被網路取代。

甚至，如果服飾業者隨著科技的進步，逐漸克服網路購物的弱點，那麼在往後的時代，可以用網路購買的東西就在網路上解決，除非顧客感受到特別的動力，不然也不會特地前往店鋪購物。在 Amazon 擴大市占率、美國西海岸的舊式連鎖店持續倒閉的二〇一八年夏天，我前往視察時，發現確實有很多店家相當冷清。另一方面，我也發現不管去哪一個城市，都會有好幾間來客數很多且生意興隆的連鎖店。其一，便是法國時尚企業 LVMH 集團的化妝品專賣店 SEPHORA。

SEPHORA在全世界三十三個國家約有兩千三百間店鋪，展店最多的美國則有四百三十間店鋪。該連鎖店售有兩百種以上的他牌與自有品牌，販售數千種美妝與美容保養商品，用大量的品項及色號細心地解決女性的美容煩惱。無論去哪一間店，都可以看見許多顧客開心地看著櫃台的iPad影片學習化妝技巧，也有不少客人會向店員的諮詢，收銀台前更是排成長長一列。

SEPHORA在社群網路上的粉絲數也很多，該公司會於網路上發佈化妝方法與使用方法的影片，也進行網路販售。不過要說到該公司的優勢，應該還是頻繁在店鋪舉行的活動，以及擁有像是美容師般的工作人員，能夠針對每一位顧客指導個人化的美容方式。在下載了SEPHORA的App之後，會發現包含圖像與影片的商品資訊相當豐富，當然也能透過App從網路上購買商品。只是由於品項繁多，在顏色方面，會有部分的色差讓人難以分辨差異，大多數的客人就會不知道該如何選擇才好。

App內有個名為Happening at Sephora的選單。只要連接GPS或是登入自己居住的區域，就會有近期鄰近店鋪所舉辦的免費諮詢活動（以二十分鐘到一小時為單位，每天都可以預約）、四十五分鐘的各種免費彩妝教室（每周舉辦兩次左右）或是化妝品品牌在周末舉辦的活動介紹等，顧客透過手機即可預約參加。

縱使顧客在網路上篩選出有點感興趣的商品，也可能不會馬上下決定購買。這些免費諮詢與室內活動可以彌補這點，提供個人化的建議。

如果顧客能夠免費得到專為自己提供的美容相關知識與建議，自然就會產生親切感，不自覺掏出皮夾。顧客或許會直接於店內購買決定好的商品並帶回，或是在網路上下訂等宅配。SEPHORA 的這個案例，可以說是從網路「預約在店鋪體驗」。除了 SEPHORA 以外，販售運動服飾且在瑜伽與慢跑愛好者之間相當受歡迎的露露檸檬，也有實施這類免費教室的預約體驗。

雖然每間店鋪不盡相同，不過在大多數的露露檸檬店鋪內，每個禮拜日都會於開店前舉辦一個小時的室內瑜伽課，以及平日傍晚打烊後會在店鋪前受理免費的慢跑教室預約。如果是室內免費教學運動，預約體驗的顧客理所當然會穿著露露檸檬的服裝來參加。

課程結束後，重振精神的顧客便有可能在店鋪購買新衣物，或是其他商品帶回家。在市場行銷學中，人們從很久以前就在講要從「物品消費」走向「精神（體驗）消費」，不過事實上，依舊有不少店家嘴上講著要販售體驗，實際上只是在販賣物品。提供室內的體驗正是最棒的消費體驗策略，顧客可以學習、遊玩與得到新發現，因此這鐵定會構成顧客特地前去店鋪的理由，甚至還會事先預約體驗活動。

CHAPTER 6

何謂永續發展的時尚消費？

未來十年會實現的永續個人衣物循環

十年後的時尚消費未來與職責

改變的企業與顧客關係

最後，作為本書的總結，我想介紹曾在第五章接受訪問的未來關鍵人物，他們所闡述的「十年後的時尚消費未來與職責」。

air Closet 的代表董事社長兼執行長天沼聰先生

首先，air Closet 的代表董事社長兼執行長天沼聰先生預測「IoT（物聯網）與物流將走向自動化，消費者漸漸處於被動立場，服務逐漸個人化也會變得稀鬆平常」。此外，他也說：「現在『air Closet』提供的不僅僅是與新衣服邂逅以及專業造型師的穿搭提案，還會與日曆連動，如果行事曆上有活動，會搶先一步寄送符合的穿搭建議等。與其說用戶會煩惱該穿什麼衣服去，不如說此服務提供了與人們的邂逅、享受當下與穿著服飾本身的體驗價值。」

SENSY的代表董事執行長渡邊祐樹先生曾說：「十年後將會是一人一台AI的時代。穿搭、消費，甚至是賣掉不需要的東西，包含做這些事情的時機等所有一切，都會由AI給予建議。」這與服飾企業方的進化版AI也有關係，渡邊先生期待地表示：「AI會在適當的時機寄送推薦商品的信件、因應需求預測寄送降價商品的資訊等。業界不會再有無謂的價格競爭，此外，由於並非大量生產相同的商品，而是實現了『多品項，少量／適量生產』，就能減少流通庫存與期末庫存的浪費。這必然能將物品的適價化為可能，顧客與企業也會成為雙贏的關係。」

SENSY 的代表董事執行長渡邊祐樹先生

STANDING OVATION的代表董事執行長荻田芳宏先生則是認為：「購買新品、活用持有的物品、賣掉不用的物品等行為，過去雖然都是分開討論，不過往後應該會全部結合在一起，變成一連串的市場。」

此外，荻田先生也表示：「隨著科技的進步，對用戶來說整條街都將化為衣櫥、化為鏡子。就連在商店販售的物品，或是街上時尚人物所穿的服飾，也能隨時隨地與自己衣櫥內的衣服模擬搭配，映照在鏡子中——這世界將會變成這樣。核心當然是用戶的衣櫥，結合衣櫥與網路購物網站、實體店舖，就是我們的職責。」

STANDING OVATION 的代表董事執行長荻田芳宏先生

實現時尚樂趣的「時尚科技」

ZOZO Technologies 的代表董事 CINO 金山裕樹先生預測「以後人們每天穿著的服裝與該買什麼衣服等，應該多半會由ＡＩ來決定與執行。未來將會是不想思考、不擅長時尚者也無須煩惱的世界。如此一來，倘若對時尚感到抗拒的人在試穿與搭配上都不再痛苦，他們應該就會覺得時尚出乎意料地有趣。」

「實現這些的就是時尚。因為我們喜歡時尚，與其說在做時尚產業，我更覺得我們是在從事豐富人們生活與人生的工作。選擇時尚作為豐富人們人生的切入點，為了實現理想而活用科技，因此，業界更必須要有時尚科技人才與工程師。」

同為 ZOZO Technologies 的代表董事社長久保田龍彌先生自信滿滿地表示：「等十年後 ZOZO 的自有品牌普及，應該就很少人會有服飾上的煩惱了吧。不僅如此，享受時尚的人也會增加才對。如果可以讓至今為止對穿搭感到麻煩或是痛苦的人變得樂在其中，時尚業肯定會更加蓬勃。再者，只要喜歡穿搭的人變多，廠商就可以為了消費者專心製作自己喜歡的衣服。」

ZOZO Technologies 的代表董事
CINO 金山裕樹先生

出自：ZOZO 提供

久保田先生還闡述了未來的夢想：「二〇二三年成立的 WEAR 在經過十五年後，應該會具有相當規模的數據。時尚潮流的周期是二十

ZOZO Technologies 的代表董事社長久保田龍彌先生

出自：ZOZO 提供

年一次，在經歷一個周期的潮流後，就能發揮數據真正的威力了。如果父母穿的服飾搭配能給小孩子作為參考，那就太好了。」

ZOZOUSED 的代表董事社長宮澤高浩先生表示：「對消費者而言，是新品還是二手品的分界早已消失。一項商品會在持有人、價值、外型（包含重製與回收）改變的情況下持續流通。」

Mercari 公關部負責人也曾說：「未來的時代，將會變成『大家都知道其價值，而可以輕鬆進行二手販售』的品牌或衣服才能夠存活下去吧？」

還能繼續革新的時尚消費未來

透過從國內外先進案例的體驗與訪問，最後以此為基礎試著整理我所想像的十年後時尚消費願景。其中一項是本書開頭的 Her Story，另一項則是下一頁的圖表——「未來可

ZOZOUSED 的代表董事社長宮澤高浩先生

出自：ZOZOUSED 提供

永續發展的衣櫃循環」。

消費者享受不斷進步的科技，使購物與衣櫥的壓力無限縮小，人們將比過去更加享受穿搭的樂趣。

企業一方面追求低成本，但並沒有往低價、紅海競爭的方向前進，而是走向平衡價值的適價之路。往後，消費者會好好地評估商品製造商所提升的價值，並開心地將其價值傳達給他人。我衷心期待這樣的時尚消費未來會來臨。

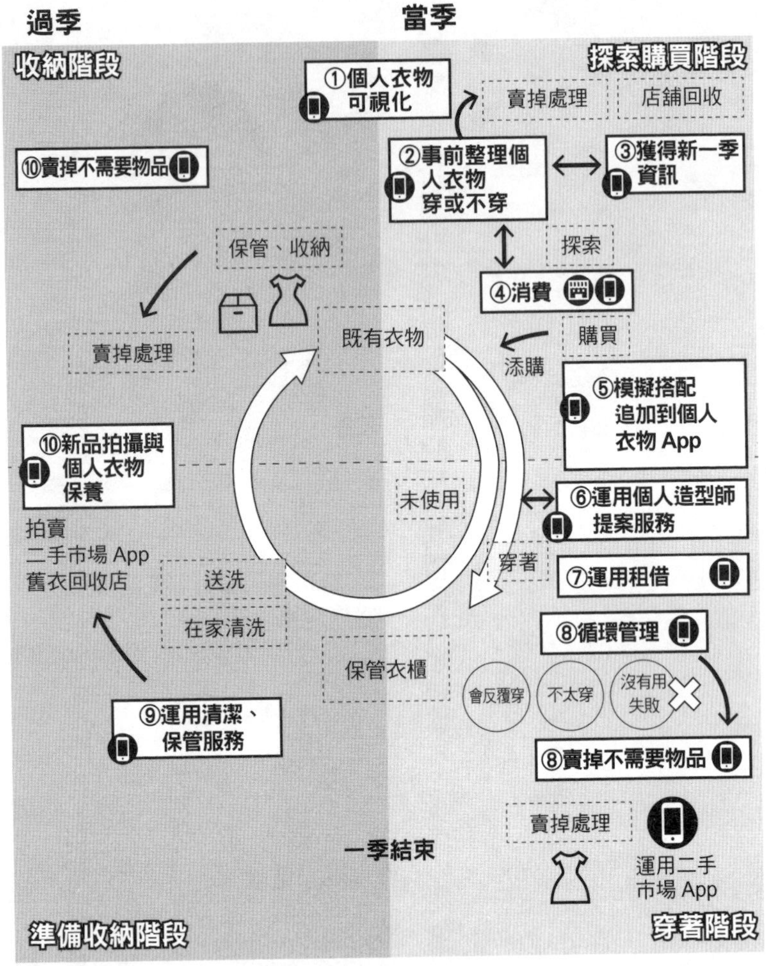

本書所參考、介紹過的各服務負責職務

①②⑧	SENSY CLOSET、XZ	⑥	委任定期宅配、pickss	⑩	minikura
③	WEAR、IQON	⑦	air Closet		
④	店鋪、網路郵購	⑧⑩	Mercari、ZOZOUSED		
⑤	現階段尚未開發	⑨	Lenet、minikura		

※ 也可以期待現在的個別服務將來會合作或是新增功能

圖表 6-1 未來可永續發展的衣櫃循環

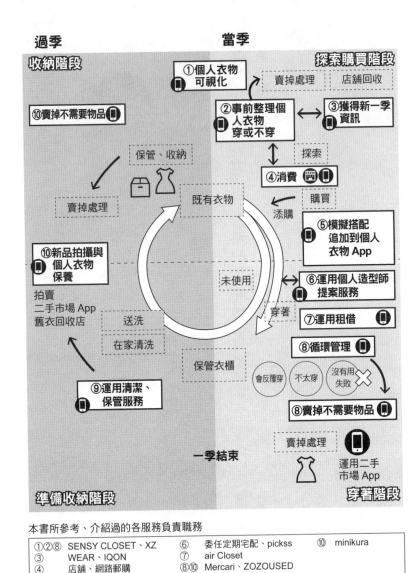

Column 6

你在服飾店裡受到最開心的接待是什麼呢？

我曾協助過不同服飾專賣店在新店開幕前舉辦員工研修。身為講師的我，其中一個必問的問題是：「你過去在服飾店裡，曾受到最開心的接待是什麼呢？」其中最常出現的一個經典回答是：「即使店裡沒有自己想要的商品，店員也會想盡辦法協助我買到商品。」譬如調貨或先幫客人留貨等等，縱使不是自己公司連鎖店賣的商品，店員還是會告訴客人或許某間店會有貨等關於其他店家的資訊。

顧客明明很想要某樣商品，但當沒有庫存的時候，有不少店員只會說句「沒有貨」就結束。如果有店員能夠做到前面所說的地步，客人也會想由衷地說出「謝謝」吧。

接著，我還會問：「相對的，你過去在服飾店裡，曾受到最不開心的接待是什麼呢？」果然也有一個共同答案：「知道不購買的瞬間，店員態度就改變了。」你應該曾有過這種經驗吧？

我通常會請參加研修的員工分別整理出開心與不開心的事，並鼓勵大家：「你們今天所說的話，就是最接近顧客心情的情緒。請用自己會開心的方式接待顧客。」為了顧客——當全體員工都擁有這個行動目標，大多數的店家在開始營業後，接連好幾天的業績都會大幅超過預期。

幫助顧客得到想要的商品，是零售業至今為止不變的使命。隨著科技的演進，顧客現在自己也能夠從網路上輕易地找到想要的商品庫存在哪裡。賣方當然也會在店鋪內藉由網路活用這些科技，更加得心應手地提供個人化的服務。

時代會改變，然而，無論科技再怎麼進步，主角始終是「顧客」。我想今後，市場也只會持續往適合顧客的方向前進。

E P L O G U E

消費者成為主角的世界

從過去到未來，從全世界的店鋪到自家的衣櫥，各位覺得這趟思考時尚消費未來的旅程如何呢？

服飾市場販售著人們每天換穿的衣物，在所有零售業中是僅次於「飲食」的巨大市場。此外，每十年一次的轉換期都會出現革新者，他們配合時代滿足潛在需求，逐漸走向顧客最佳化。此潮流鐵定也可以適用各個業界吧？在市場廣大、進入門檻卻很低的服飾業界，人人都有機會加入革新。

我認為，正是因為在服裝市場中以低價格販售的快時尚滲透了市場，才導致與商品息息相關的流通革新蔓延至全世界的每個角落。之後的流通革新關鍵將會是顧客在生活中不可或缺的智慧型手機，而不是那些時尚實體店鋪。比起企業主導的流通革新，更必須將焦點放在消費者會成為主角的購物革新上。

讓我察覺時代變化的來源，就是去國外的先進企業店鋪體驗了各種讓人興奮的嶄新嘗試、每一天我身邊細小的變化，以及我自己過去的經驗。撰寫本書的靈感則是 Amazon 公司創辦人貝佐斯先生於一九九七年寫給投資者的信，而信中有這麼一段話：

Today, online commerce saves customers money and precious time. Tomorrow, through personalization, online commerce will accelerate the very process of discovery.

（今天，網路購物節省了顧客的金錢與寶貴的時間，而明天，我們將透過個人化，進一步加快顧客的發現過程。）

第一次讀到這篇文章時，儘管知道這番話是二十多年前就公諸於世，我依舊感到非常新鮮且十分震撼，沒有其他話語能夠如此明白地闡述現代與未來消費的理想狀態。

在這之後，Amazon 宣佈要成為「地球上最重視顧客的企業」，持續從網路開始推行流通革新。而我非常在意 Amazon 究竟會在線下的實體店舖提供何種革新給顧客，為了體驗這些，便於二〇一八夏天出發前往美國西岸的洛杉磯、西雅圖、波特蘭。

如果沒聽過這位貝佐斯先生的名言，恐怕我對於 Amazon GO、Amazon Books、NIKE 的數位商店，還有先一步在日本國內所體驗過的 ZARA 數位商店會抱持著錯誤的看法。他們的革新絕對不是為了方便企業的業務效率或是炫耀科技，而是正確地將焦點放在解決顧客消費時的困擾上。

於是，第三章為了要考察接下來的時尚流通革新，我重新整理了服飾產業的課題與消費壓力。面對這些浮上水面的消費課題與進一步拓展視野後的未來消費者衣櫃課題，企業要思考為了消費者，該如何運用線上與線下通路來解決。

有沒有哪間店的案例是早已經注意到這些課題並盡早著手的呢？於是才有第五章所介

紹的未來時尚市場革新者們。這些革新者們都貫徹了用戶最優先的立場，對不斷豐富未來消費市場的理想傾注熱情。

今後將不斷進行的消費變化，其實並不會威脅到現存的業者。反而要秉持著共鳴去面對，把這當成是一個機會，用數位化協助尚未習慣的顧客，藉以豐富許多顧客的消費體驗與時尚生活風格，並推行適合自家公司且能永續發展的措施。

最後，我想在此向給予我機會執筆本書的日本經濟新聞出版社、修潤我原稿的該公司編輯雨宮百子小姐、提供幫助的宮本文子小姐、協助取材的R2Link鈴木敏仁先生、BUSINESS INSIDER JAPAN的瀧川麻衣子小姐、編輯代表的松下久美小姐、爽快答應取材與提供資料的各公司公關部負責人、實際協助訪談的各位，以及告訴我許多有關網購實務的「全渠道零售時代後院讀書會」夥伴們致上謝意。

二〇一九年二月　齊藤孝浩

參考文獻

書籍

● 《小売再生―リアル店舗はメディアになる》ダグ・スティーブンス著，President社出版。

● 《Fashion Business 創造する未来―グローバリゼーションとデジタル革命から読み解く》尾原蓉子著，織研新聞社出版。

● 《四騎士主宰的未來》史考特・蓋洛威著，繁中版由天下雜誌出版。

● 《亞馬遜 2022：貝佐斯征服全球的策略藍圖》田中道昭著，繁中版由商周出版。

● 《流通新大陸の覇者　ZOZOTOWN》周刊東洋經濟 eビジネス新書，2018 年 2 月 2 日出版。

● 《誰がアパレルを殺すのか》杉原淳一、染原睦美著，日経 BP 出版。

● 《UNIQLO 和 ZARA 的熱銷學》齊藤孝浩著，繁中版由商業周刊出版。

● 《中古市場データブック》2018、2017，リフォーム産業新聞社出版。

論文

● Fashion Aspect Club レポート，伊藤忠時尚系統著。

● FA流行誌 vol.108 生活者の気分 2018-19 リアルアスペクト「閑究力—有限化でリズムをつくる」，2018年7月出版。

● 纖維産業の課題と経済産業省の取組 平成30年6月20日，経済産業省製造産業局生活製品課著。

● Global Power of Retailing（Deloitte Development LLC）

新聞、雜誌、媒體報導

● 日本經濟新聞

● 日經 MJ

● 織研新聞

● WWD JAPAN

- 周刊東洋經濟
- 周刊 Diamond
- 日經 Business
- BUSINESS INSIDER JAPAN
- NewsPicks

企業網站、投資人關係資料

- Amazon.com inc.
- 株式會社 ZOZO
- 株式會社 Mercari
- 迅銷公司
- 株式會社 Onward Kashiyama
- 株式會社 ZOZO Technologies
- 株式會社 ZOZOUSED
- 株式會社 air Closet

- SENSY 株式會社
- 株式會社 STANDING OVATION
- 株式會社 White Plus
- 寺田倉庫株式會社
- THE INDITEX GOUP
- H&M Hennes & Mauritz AB
- Associated British Foods plc
- ASOS plc
- Bonobos plc
- TJX
- Ross Stores
- Nordstrom
- Stitch Fix
- LE TOTE

國家圖書館出版品預行編目（CIP）資料

時尚業生存戰 : 從 AI、智慧購物、二手市場，打造線上線下銷售快狠準的獲利模式 / 齊藤孝浩著 ; 郭子菱譯 . -- 初版 . -- 臺北市 : 遠流 , 2019.12

面； 公分

ISBN 978-957-32-8681-3 (平裝)

1. 服飾業 2. 網路行銷 3. 行銷策略

488.9 108018782

時尚業生存戰：

從 AI、智慧購物、二手市場，打造線上線下銷售快狠準的獲利模式

作者／齊藤孝浩
譯者／郭子菱
總編輯／盧春旭
執行編輯／黃婉華
行銷企畫／鍾湘晴
封面設計：AncyPI
內頁設計：Alan Chan

發行人／王榮文
出版發行／遠流出版事業股份有限公司
地址：臺北市南昌路二段 81 號 6 樓
電話：(02) 2392-6899
傳真：(02) 2392-6658
郵撥：0189456-1

著作權顧問／蕭雄淋律師
2019 年 12 月 1 日　初版一刷
定價新台幣 360 元（如有缺頁或破損，請寄回更換）

ISBN 978-957-32-8681-3

遠流博識網
http://www.ylib.com
E-mail: ylib @ ylib.com